AI绘画

Stable Diffusion ComfyUI的艺术

许建锋 著

清华大学出版社
北京

内 容 简 介

《AI绘画：Stable Diffusion ComfyUI的艺术》是《AI绘画：Stable Diffusion从入门到精通》的姐妹篇。全书系统讲解人工智能绘画中ComfyUI工具的使用，详细介绍各类ComfyUI工作流的搭建，如文生图、图生图、LoRA、ControlNet等。为了让读者更好地掌握各种节点的使用，本书还介绍了多种插件的应用，如效率节点、AnimateDiff、MimicMotion、Liveportrait、换脸、放大等。此外，为了帮助读者全面了解AI绘画的生态，本书还介绍了国内外最新的科技成果，如即梦AI、可灵AI、智谱AI等。书中主要应用的模型为SDXL，也涉及SD3、Playground、Kolors（可图）、Flux等。本书内容从基础到进阶，以期帮助读者轻松掌握AI绘画的技术和应用技巧。

本书包含大量的案例，并有配套视频教程，同时提供课堂练习和课后习题，以训练读者的实际应用能力，提升绘画技巧。

本书适合作为高等学校艺术创作、商业设计、游戏设计、建筑设计、影视制作等专业的教材，也可作为美术爱好者的参考书。

本书封面贴有清华大学出版社防伪标签，无标签者不得销售。

版权所有，侵权必究。举报：010-62782989，beiqinquan@tup.tsinghua.edu.cn。

图书在版编目（CIP）数据

AI绘画：Stable Diffusion ComfyUI的艺术 / 许建锋著.
北京：清华大学出版社，2024. 10. -- ISBN 978-7-302-67554-9
Ⅰ. TP391. 413
中国国家版本馆CIP数据核字第20245AK284号

责任编辑：赵　军
封面设计：王　翔
责任校对：闫秀华
责任印制：宋　林

出版发行：清华大学出版社
　　网　　址：https://www.tup.com.cn，https://www.wqxuetang.com
　　地　　址：北京清华大学学研大厦A座　　邮　编：100084
　　社　总　机：010-83470000　　邮　购：010-62786544
　　投稿与读者服务：010-62776969，c-service@tup.tsinghua.edu.cn
　　质量反馈：010-62772015，zhiliang@tup.tsinghua.edu.cn
印　装　者：三河市铭诚印务有限公司
经　　销：全国新华书店
开　　本：185mm×235mm　　印　张：16.75　　字　数：402千字
版　　次：2024年12月第1版　　印　次：2024年12月第1次印刷
定　　价：99.00元

产品编号：104195-01

前　言　PREFACE

2022年8月，Stable Diffusion开源发布，经过两年的多次迭代升级，涌现出了如SD1.5、SD2.1、SDXL、SD3等经典版本，目前已进入较为成熟的阶段。2024年8月，Flux横空出世，让AI绘画翻开了新的篇章。

考虑到模型生态、插件支持及画质表现，本书主要基于SDXL模型进行撰写。快手的Kolors模型（采用了SDXL模型架构）已经开源，支持中文提示词，能够生成优质的中国元素图像。而由Stable Diffusion原团队开发的Flux模型在图像表现上非常出色，因此本书中的大量案例将使用Kolors和Flux模型进行操作，让读者更好地感受AI绘画的魅力。本书所涉及的绘画技巧具有通用性，读者可将它融会贯通并应用于其他模型中。

在过去的两年里，AI绘画已从一种娱乐工具发展成为艺术家和设计师不可或缺的辅助工具，它的创造性、多风格、高效率的特点是人类无法比拟的。如今，AI绘画已经对游戏设计、广告设计、建筑设计、电商设计等文创产业产生了巨大的冲击，掌握AI绘画技术已经成为从业者的必备技能。

这是笔者的第二本著作。第一本《AI绘画：Stable Diffusion从入门到精通》主要讲解了AI绘画的历史、原理、文生图、图生图、LoRA和ControlNet等基础内容。本书作为它的进阶篇，围绕ComfyUI展开讲解，重点介绍节点和工作流，同时结合多种类型和风格的案例制作。两本书相互补充，帮助读者真正掌握AI绘画的应用技巧。

目前，Stable Diffusion较为流行的版本有WebUI和ComfyUI，两者功能类似，但ComfyUI

的灵活性更强，显存资源占用更少，更新速度更快，实用性更强。因此，笔者建议读者同时学习这两个版本。相对而言，ComfyUI采用的是节点式界面，需要艺术家适应，这一步虽然困难，但必不可少。

除了快手Kolors、腾讯混元等少数几个支持中文的模型外，大多数AI绘画模型仍要求使用英文，但对语法和单词准确度的要求不高。本书的英文提示词翻译部分翻译采用了AI工具，如有错误，敬请读者理解。

本书的案例操作均有配套视频教程，并在Bilibili网站同步更新；本书配套的软件、扩展、节点、模型和练习素材均可在百度网盘上获取，读者可用微信扫描下方的二维码获取相关链接。

本书主要基于课堂教学资料整理而成，在此过程中参考了开源文档、已发表的研究论文和网络资料。此外，笔者还在Bilibili网站上参考了许多作者的教程，如秋叶、Nenly同学、AI小王子jay、CG迷李辰、大江户战士、鱼摆摆喂等，在此对相关作者表示感谢。另外，本书案例的提示词参考了Civitai网站的大量作品，也向相关网友表示感谢。

在本书的编写过程中，清华大学出版社的赵军老师在选题、写作、编辑、修改等各个环节中都耗费大量的心血，编辑室的老师们也多次为本书提出珍贵意见，在此表示衷心的感谢。

目前，人工智能绘画的普及和研究尚处于起步阶段，参考资料极少，加之笔者水平有限，书中难免存在疏漏之处，敬请读者提出宝贵的意见。

许建锋
2024年8月

目 录 CONTENTS

第1章 AI绘画入门 ·· 1
1.1 AI绘画的发展 ··· 1
1.2 AI绘画的提示词技巧 ·· 6
1.3 线上体验AI绘画 ·· 11
1.4 人工智能绘画的作用 ·· 23
1.5 思考与练习 ·· 35

第2章 ComfyUI基础 ··· 36
2.1 为什么要学习ComfyUI ··· 37
2.2 模型 ··· 39
2.3 共享WebUI的路径 ··· 45
2.4 ComfyUI整合包 ·· 46
2.5 ComfyUI的界面 ·· 51
2.6 扩展节点的安装 ·· 53
2.7 工作流管理 ·· 55
2.8 ComfyUI的基础操作 ·· 56
2.9 常见错误的解决 ·· 60

2.10　ComfyUI新界面 …………………………………………………………… 61
　　2.11　思考与练习 ……………………………………………………………… 63

第3章　ComfyUI常用工作流 …………………………………………………… 64
　　3.1　文生图 …………………………………………………………………… 64
　　3.2　图生图 …………………………………………………………………… 73
　　3.3　LoRA ……………………………………………………………………… 81
　　3.4　ControlNet ………………………………………………………………… 86
　　3.5　IPAdapter ………………………………………………………………… 94
　　3.6　思考与练习 ………………………………………………………………… 97

第4章　ComfyUI常用扩展 ………………………………………………………… 98
　　4.1　ComfyUI管理器 …………………………………………………………… 98
　　4.2　SD放大 …………………………………………………………………… 100
　　4.3　肖像大师 ………………………………………………………………… 103
　　4.4　ReActor …………………………………………………………………… 106
　　4.5　Argos翻译 ………………………………………………………………… 107
　　4.6　ComfyUI-Crystools ………………………………………………………… 109
　　4.7　ComfyUI-WD14-Tagger …………………………………………………… 109
　　4.8　SUPIR ……………………………………………………………………… 110
　　4.9　FaceDetailer ……………………………………………………………… 112
　　4.10　思考与练习 ……………………………………………………………… 117

第5章　ComfyUI节点集 …………………………………………………………… 118
　　5.1　效率节点集 ……………………………………………………………… 120
　　5.2　简易节点集 ……………………………………………………………… 124
　　5.3　TinyterraNodes节点集 …………………………………………………… 126
　　5.4　Rgthree ……………………………………………………………………… 130
　　5.5　思考与练习 ………………………………………………………………… 134

第6章 中文模型 · · · · · · 135

6.1 Kolors模型概述 · · · · · · 135
6.2 Kolors工作流的搭建 · · · · · · 137
6.3 Kolors的使用技巧 · · · · · · 142
6.4 混元模型 · · · · · · 153
6.5 思考与练习 · · · · · · 157

第7章 Flux模型 · · · · · · 158

7.1 Flux模型概述 · · · · · · 158
7.2 Flux文生图的工作流 · · · · · · 167
7.3 NF4量化模型的应用 · · · · · · 171
7.4 Flux的应用技巧 · · · · · · 173
7.5 思考与练习 · · · · · · 178

第8章 ComfyUI视频 · · · · · · 179

8.1 AI视频的发展 · · · · · · 179
8.2 SVD模型 · · · · · · 198
8.3 AnimateDiff · · · · · · 200
8.4 MimicMotion · · · · · · 203
8.5 LivePortrait表情控制 · · · · · · 209
8.6 ToonCrafter · · · · · · 212
8.7 思考与练习 · · · · · · 214

第9章 综合练习 · · · · · · 215

9.1 Flux文生图案例 · · · · · · 215
9.2 综合案例设计："锦绣江南"刺绣艺术 · · · · · · 248
9.3 思考与练习 · · · · · · 257

后记 · · · · · · 258

第 1 章 Chapter

AI 绘画入门

AI 绘画：
Stable Diffusion ComfyUI
的艺术

本章概述

本章将介绍 AI（人工智能）绘画的基础知识，包括当前 AI 绘画的发展现状、提示词的用法、流行的工具、线上工具的操作流程，以及 AI 在艺术设计中的作用。

本章重点

- 掌握提示词的用法
- 掌握线上 AI 绘画工具的操作流程

2023 年，以 ChatGPT 3.5 的发布为标志，AIGC（AI 生成内容）时代正式来临。在此背景下，AI 绘画作为人工智能的一个重要分支，迅速引起了广泛关注和热议。它的发展对各个领域，特别是文化创意产业，产生了巨大的影响。

AI 绘画是一种利用计算机技术和人工智能算法来生成或转换图像的艺术形式。它与传统的绘画有着本质的区别，当前的人工智能通过深度学习生成式神经网络，模拟生物神经网络的运作原理，其学习方法与人类相似。AI 能够通过高效学习数亿甚至数百亿幅图像，将所学知识融会贯通，生成具有艺术价值的绘画作品。它得益于人类的启发，但其潜力却有可能超越人类。

1.1 AI 绘画的发展

从 2022 年起，具有行业实用价值的 AI 绘画程序进入百家争鸣的时代。流行的程序包括

DALL-E、Midjourney、Stable Diffusion 和 Firefly 等。2022 年 8 月，百度公司正式发布了"文心一格"，这是国内首个具备文字生成图像功能的绘画程序。这些程序各有优势，而 Stable Diffusion 凭借其开源免费的特性、众多的模型和扩展功能，以及对图像的精确控制，赢得了广泛的用户群体。本书以 Stable Diffusion ComfyUI 计算机版为例，详细介绍它的各项功能和技巧。为了行文方便，后续将 Stable Diffusion 简写成 SD。由 Black Forest Labs（黑森林工作室）团队开发的 Flux 模型于 2024 年 8 月初开源，随后立即获得巨大的关注，本书也将大量应用该模型完成教学案例。

2023 年 7 月底，SD 正式发布了开源模型 SDXL。让我们来欣赏 3 幅由 SD 生成的图像，这 3 幅图像分别展示了写实照片、2.5D 风格和二次元风格，如图 1-1 所示。

图 1-1　由 SD 生成的图像

在使用 SD1.5 模型时，生成这些不同风格的图像通常需要选择 3 个不同风格的模型，而 SDXL 模型则可以通过一个模型生成多种风格的图像，而且画面更清晰，色彩更靓丽，细节更丰富。

到了 2024 年，随着时间的推移，SDXL 已经成为一个成熟的模型类型，衍生出了许多优秀的优化模型，并形成了良好的"生态系统"。如果说 SD 以前的版本主要被 AI 绘画用户用于娱乐，那么 SDXL 作为一个综合性模型，使得 AI 绘画的应用领域更加广泛。

2024 年 6 月，Stability AI 发布了新模型 SD3.0，它采用了 Diffusion Transformer（DiT）架构，这是一种全新的架构设计，能够更好地理解提示词和物理世界。如图 1-2 所示，该模型在对人物和场景的提示词上非常准确地表达出意图。

图 1-2 花园里的女孩

SD3.0 提 示 词：1girl, yellow long princess dress, long brown hair, hair accessories, jewelry, in the garden, best quality, masterpiece, movie poster, full body.

对应的含义：一个女孩，黄色的长公主裙，棕色的长发，发饰，珠宝，在花园，最好的质量，杰作，电影海报，全身照。

第二个案例主要展示 SD3.0 模型对方位和色彩的理解能力，如图 1-3 所示。

图 1-3 瓶子

SD3.0 提 示 词：Three transparent glass bottles on a wooden table. The one on the left has red liquid. The one in the middle has blue liquid . The one on the right has green liquid.

对应的含义：一张木桌上摆放着三个透明的玻璃瓶。从左至右，每个瓶子内分别装满了鲜艳的红色、蓝色、绿色液体。

第三个案例展示 SD3.0 在文字生成方面的显著进步，如图 1-4 所示。

图 1-4 文字生成

SD3.0 提示词：Photo of a rectangular orange neon sign with the text "Hello", the sign is on the wall in a metro station.

对应的含义：一张矩形橙色霓虹灯标志的照片，上面写着"Hello"，标志位于地铁站的墙上。

SD3.0 是一个全新的模型，功能强大，但目前尚未形成完善的"生态系统"。本书主要以 SDXL 模型为基础进行写作。读者仍可以使用 SD3.0 模型进行各类提示词的测试和学习。

2024 年 6 月，快手开源了 Kolors（可图）模型，这是一个基于 SDXL 架构的模型，能够更好地支持中文提示词。这对于中国用户而言，无疑降低了使用门槛。Kolors 兼容支持 SDXL 的 LoRA 和 ControlNet 模型，具有较好的应用生态前景。Kolors 生成的图像如图 1-5 所示。

图 1-5 Kolors 生成的水墨老虎

Kolors 提示词：中国水墨画，山水，老虎。

Kolors 模型对中国用户非常友好，支持中文提示词，线上和线下都能使用，对中国元素的理解也很出色。本书后续的许多案例将采用该模型完成。

2024 年 3 月，SD 的母公司 Stability AI 经历了动荡，一些核心成员离职，并成立了新公司 Black Forest Labs（黑色森林工作室）。2024 年 8 月 1 日，该公司开源了新模型 Flux，该模型具有 120 亿个训练数据，其中 FLUX.1 [schnell] 版本是完全开源的。Flux 在提示词理解、手部处理和文字书写等方面有了显著提升。Flux 模型对手部的处理效果，如图 1-6 所示。

图 1-6 Flux 模型的手部处理效果

Flux 提示词：A herdsman in Tibet, China, is waving goodbye.

对应的含义：一个中国西藏的牧民，正在挥手告别。

Flux 对文字的处理也非常准确，如图 1-7 所示。

图 1-7 Flux 模型的文字处理效果

Flux 提示词：On the table, an ancient map with the words "Flux's Treasure", sunshine, morning.

对应的含义：桌上放着一张古老的地图，上面写着"Flux 的宝藏"，阳光，早上。

Flux 模型在生成的画质和对文字的理解方面全方位超过了 SD3.0，具有强大的应用前景，后续章节将对此进行详细介绍。

1.2 AI 绘画的提示词技巧

提示词是用户给 AI 下达的绘画指令。随着绘画模型的进步，AI 能够根据简单的提示词生成具有较好艺术效果的图像。SD1.5 版本的提示词通常使用关键字组合，自 SDXL 开源以来，提示词已经能够理解人类的自然语言。特别是 Flux 模型，在语义理解方面有了显著提高。

1 提示词的组成

一般来说，画面提示词的提炼需要包括三个方面的内容：

第一方面：画质和风格

画质描述词包括"大师作品""杰作""高清晰度"等；风格描述词包括"摄影""插画""水墨""3D"等。

如图 1-8 所示，本例的画质描述词采用了"大师作品""高清晰脸部""高细节皮肤"等，风格描述词则选择了"摄影"。

图 1-8 小男孩

Kolors 提示词：大师摄影作品，高清晰脸部，高细节皮肤，一个中国的小男孩，正在弹吉他。

画质描述词，如"大师作品""超精细"等，对于确保 AI 作品的品质是非常有效的。

风格描述词可以参考不同的艺术风格，如"印象派风格的花园""写实主义的人物肖像""卡通风格的城市街道"等，以使 AI 生成具有特定艺术风格的图像。也可以参考一些著名的艺术家或艺术作品，在提示词中提及这些艺术家的名字或作品的特点，如"模仿梵高的星空风格""像莫奈的花园一样美丽"等。还可以参考不同的艺术流派，如"巴洛克风格的建筑""现代主义的绘画"等。

结合文化和历史元素可以为图像增添深度和内涵，如"中国传统风格的山水画""古希腊神话中的场景""中世纪的城堡"等，这些元素可以赋予图像独特的文化氛围和历史感。

此外，还可以参考不同国家和地区的文化特色，如"日本动漫风格的角色""印度传统服饰的女子"等。

第二方面：画面主体对象和所处环境

如图 1-9 所示，兔子行走是主体，树林是环境。

图 1-9 兔子

Kolors 提示词：一只兔子在树林中行走。

描述主体时不要使用过于宽泛的词汇，而应尽量具体地描述想要绘制的对象。例如，不要仅仅说"动物"，而是明确指出"一只毛色金黄的狮子"或者"一只蓝色羽毛的鹦鹉"。这样可以让 AI 更准确地理解绘画需求，生成更符合预期的图像。对于复杂的场景，可以逐个描述其中的主要元素。例如"一座古老的城堡，城堡上有飘扬的旗帜，城堡前有一条清澈的河流，河流上有一座木桥"。

主体语言应包含明确的内容，如希望图像中出现的主要颜色。例如"一幅以蓝色和紫色为主色调的星空图"或者"一个穿着红色连衣裙的女孩"。如果对颜色有特定要求，可以更加详细地描述，例如"淡蓝色的天空中飘着几朵洁白的云"。

对于需要表现特定材质和纹理的对象，可以在提示词中加以描述，如"一个光滑的玻璃花瓶""一只毛茸茸的小狗""一块粗糙的石头"等。这样可以让生成的图像更加真实和生动。此外，还可以描述材质的光泽度、透明度等属性，如"闪亮的金属表面""半透明的水晶球"等。

如果绘制的是人物或动物，可以描述他们的动作和表情，使图像更加富有生命力，如"一个面带微笑的女孩在花丛中奔跑""一只警惕的猫咪蹲在角落里"。

对于动态的场景，可以描述物体的运动状态，如"飞舞的蝴蝶""流淌的溪水"等。

第三方面：艺术描述词

艺术描述词包括"光影""构图""镜头视角""色彩""景别""艺术大师风格"等，用以提升画面的细节和艺术效果。这部分提示词体现了艺术家的美术素养。

图 1-10 的案例用 Kolors 完成。提示词中，第一段为画质和风格描述词，第二段为主体和环境，第三段是艺术描述词。Kolors 很好地理解了"HDR""亮调摄影""模糊背景"等偏向艺术语言的提示词。

Kolors 提示词：大师摄影照片，超高清，超精细，详细的皮肤纹理，高清晰的脸，面部细节。一个中国唐朝的公主，在书房。HDR，亮调摄影，柔和，低对比度，低饱和度，冷色调，模糊背景。

图 1-10 Kolors 生成的唐朝公主

艺术语言涉及美术知识，使用色彩搭配的词汇，如"冷暖对比强烈的画面""色彩鲜艳的组合"等；加入绘画技巧，如"厚涂法""泼墨法""点彩"等；加入摄影设备，如"尼康全画幅相机""F1.4 光圈""景深"等；加入"光影斑驳""逆光""自然光"等光影知识；还可以从一些概念和主题中获取灵感，将其融入提示词中，例如"环保主题的绘画""未来科技的想象""爱情的象征""时尚的装饰"等，这些主题可以引导 AI 生成具有特定意义和价值的图像；甚至可以参考一些哲学、文学或电影中的概念，如"存在主义的思考""《红楼梦》中的场景""科幻电影中的宇宙飞船"等。

提示词没有固定格式，每个人都有自己的用法。用户只有在不断的尝试中，才能提升自己的技术和技巧。

2 用大语言模型辅助生成提示词

目前，大部分 AI 程序已经能较好地理解自然语言，尝试用 ChatGPT、Kimi、豆包等大语言模型生成提示词，不仅提高了效率，还能产生丰富的修饰语言，提升艺术效果。

Kimi 是北京月之暗面科技有限公司于 2023 年 10 月 9 日推出的一款智能助手，打开 Kimi 网页（https://kimi.moonshot.cn）就可以使用该大语言模型。文字语言辅助生成是它的功能之一。Kimi 的主页如图 1-11 所示。

图 1-11 Kimi 的主页

笔者的一般用法是："用一段话描述某风格的画面 + 主体和环境 + 具体细节"。例如，"用一段话描述一个电影的画面：一个中国古代的将军站在城墙上"。输入后，Kimi 生成的自然语言如下：

在夕阳的余晖中，一位身着战甲、头戴铁盔的中国古代将军站在高耸的城墙之上，目光如炬地凝视着远方。城墙下是连绵的山脉和辽阔的平原，而城墙上旌旗猎猎，士兵们严阵以待。将军的面容刚毅，眼中闪烁着坚定与智慧的光芒，仿佛在思考着即将到来的战事或是守护着这片土地的安宁。他的身影在落日的映照下显得格外高大，成为这片古老土地上不屈不挠的守护者的象征。

用 Kolors 生成的图像如图 1-12 所示。

图 1-12 Kolors 生成的将军图像

1.3 线上体验 AI 绘画

国内外的 AI 绘画程序已进入百花齐放的时代，许多大模型开设了网站，使用户能够方便地进行线上绘画，从而摆脱了对专业计算机硬件的限制。

我们主要通过两种方式进行体验。

1 利用大语言模型附带的绘画功能生成画面

部分大语言模型具有绘画功能，如 ChatGPT、文心一言、豆包等。

豆包是字节跳动公司开发的一款人工智能工具。用户可以通过网页或手机上的 App 进行体验。

豆包的网址是 https://www.doubao.com，页面如图 1-13 所示，它是一个功能全面的大语言模型，图像生成是其中的一项功能。

图 1-13 豆包页面

选择"图像生成"进入 AI 绘画页面后，页面中会显示大量的网友创作的作品，如图 1-14 所示。将鼠标指针移动到某幅生成的图像上，随即会显示出这幅图像的提示词，这是学习优秀提示词的一种方法。

图 1-14 豆包 AI 绘画页面

中间的文字框用于输入提示词。例如，输入提示词"中国水墨，工笔画，一个唐朝的仕女，豪华的装饰"。输入框底部的"比例"按钮可用于更改画面的长宽比，如1:1、2:3、4:3等，以满足不同媒介的需求；"风格"按钮可用于设置画面的艺术类型，如油画、水彩、动漫、插画等。

豆包生成了四幅画面供我们选择，如图1-15所示。

图1-15 豆包生成的工笔仕女

2 用AI图像模型在线生成图像

使用AI图像模型在线生成图像是一个有趣且富有创造性的过程。以下是国内部分图像生成工具和平台，用户可以使用它们来在线生成图像。

1）文心一格

文心一格是百度推出的AI艺术和创意辅助平台，它基于百度的文心大模型技术，能够根据用户输入的文本描述智能生成创意画作。文心一格特别适合在中文环境下使用，因为它在中文语义理解方面具有优势。

文心一格的网址是 https://yige.baidu.com。

进入网站后，单击"AI创作"进入绘画面板，如图1-16所示。在绘画面板中，输入提示词"中国水墨画，凤凰，丰富的色彩"。设置"画面类型"为"中国风"，"比例"为"方图"，"数量"为"1"，然后单击"立即生成"按钮生成图像。

生成的图像如图1-17所示。文心一格能够生成国外模型很难生成的中国风图像，如龙凤、神兽、生肖、工笔、剪纸等。

图1-16 文心一格绘画面板　　　　图1-17 文心一格生成的凤凰

2）即梦（Dreamina）

即梦是由字节跳动旗下的剪映推出的生成式人工智能创作平台，支持用户通过自然语言描述或图片输入来生成高质量的图像和视频内容。

即梦的网址为 https://jimeng.jianying.com。

第 1 章 AI绘画入门

进入网站后,单击"AI作图"中的"图片生成"按钮,进入 AI 绘画面板,如图 1-18 所示。在绘画面板中,输入提示词"静物摄影,装置概念设计,蓝色毛茸茸蓬松汽车,毛茸茸,公园,草地,自然光线,超现实主义空间,幻想,抽象,明亮的颜色,黄橙色。""模型"选择"即梦通用 V2.0",其他"精细度""比例"参数保持不变。然后单击"立即生成"按钮生成图像。

图 1-18 即梦的绘画面板

生成的图像效果如图 1-19 所示。

图 1-19 即梦生成的小汽车

当鼠标指针移动到其中一幅图像上时，会出现如图1-20所示的功能按钮。

图1-20 功能按钮

其功能分别是：

- HD画质提升：用于提高画面的分辨率，将它变成超清图。
- 细节修复：用于重新生成一幅图像，让细节更加丰富。如图1-21所示，左边是修复前的图像，右边是经过了细节修复的图像。

图1-21 即梦的细节修复

- 局部重绘：单击该按钮后会弹出"局部重绘"面板，通过画笔把轮胎部分涂上蒙版，并输入提示词"绿色的轮胎"。重绘后，被遮罩涂抹的部分就变成了绿色，如图1-22所示。

图1-22 即梦的局部重绘

- ▣ 生成视频：单击该按钮进入"视频生成"面板，将这幅图像作为底图来引导视频的生成，如图 1-23 所示。输入提示词"毛茸茸的汽车在公园行驶"，参数设置如下："运镜控制"用于设置摄像机的运动，这里选择"随机运镜"；"运动控制"用于更改运动的幅度，这里选择"适中"；"时长"决定动画的时间长度，这里选择"3s"；其他参数保持默认设置，生成后即可得到汽车行驶的动态画面。

图 1-23 即梦的视频面板

- ■ 画布编辑：此功能可进一步编辑画面，并支持实时绘画。如图1-24所示，在左图的车顶上画上两笔后，右图对应的位置就变成了汽车的盖子。

图1-24 画布编辑

- ■ 扩图：用于对图像进行扩展，展示更多的环境，如图1-25所示。

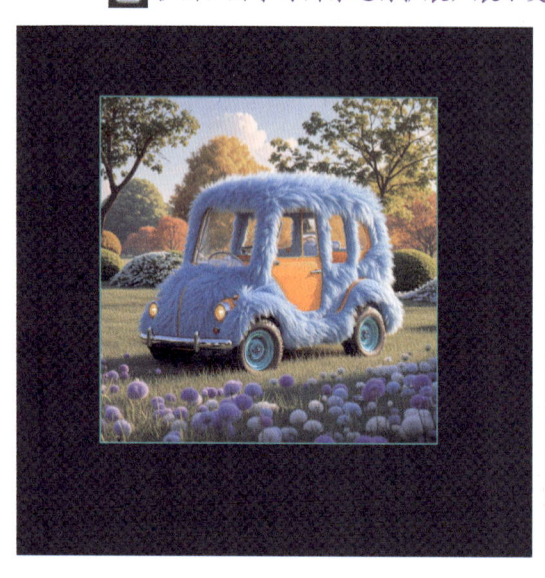

图1-25 扩图

- ■ 消除笔：用于清除画面中的特定内容。如图1-26所示，在左图中用遮罩涂抹保险杠后，右图中的保险杠就消失了。

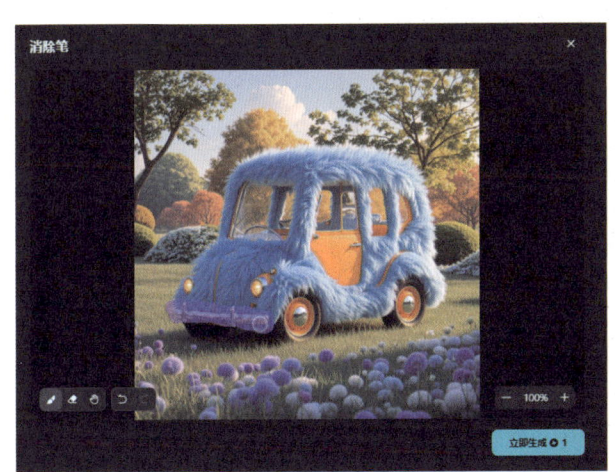

图 1-26 消除笔

- ··· 更多：提供删除和举报画面内容的选项。

通过以上演示可以看出，即梦能够对画面进行全面的处理。虽然它是一个在线程序，但其功能非常完善，基本具备了 ComfyUI 对图像处理的常用功能。即梦背后的公司是字节跳动，该公司拥有强大的技术能力和丰富的训练数据，相信在不久的将来，该平台的功能会有更大的提升。

3）Kolors

Kolors 是快手公司开发的大规模文本到图像生成模型，经过数十亿个文本－图像对（Text-Image Pairs）的训练，在视觉质量、复杂语义准确性以及中英文文本渲染方面展现出了显著优势。

Kolors 的网址是 https://klingai.kuaishou.com。

进入网站后，选择"AI 图片"，进入绘画面板，如图 1-27 所示。在绘画面板中，输入提示词"在宁静的夜晚，一座古桥在月光的照耀下显得格外神秘而庄严，桥身的石块在柔和的光线中泛着淡淡的银光，仿佛被时间的魔法轻轻抚摸。桥下的河水在夜色中泛着波光，反射出桥影和星光，增添了几分梦幻般的色彩。桥上的灯笼随风轻轻摇曳，发出温暖的光亮，为夜行的人们指引着方向。周围的古建筑和树木在夜色中若隐若现，与古桥共同构成了一幅宁静而美丽的夜景画卷。整个画面充满了古典美和宁静的氛围，让人在凝视中感受到历史的沉淀和自然的和谐。"其他参数保持默认设置。生成的图像效果如图 1-28 所示。

图 1-27 Kolors 的绘画面板

图 1-28 Kolors 生成的夜景

Kolors 还支持通过垫图生成图像。垫图即 AI 绘画中的"图生图"。进入网站后，选择"参考图／垫图"，导入图 1-29 中的左图，输入提示词"中国女孩，汉服"，将"参数设置"更改为更适合参考图的"2:3"竖图，生成后得到图 1-29 中的右图。左边的参考图在画面风格、姿势、服装上的影响是显著的。垫图在 AI 绘画中应用非常广泛。

图 1-29 Kolors 的图生图

Kolors 是一个非常优秀的模型，后面会详细介绍它在 ComfyUI 中的使用方法。Kolors 生成的图像能够直接转成视频，我们将在"第 8 章 ComfyUI 视频"中详细介绍。

4）智谱清言

智谱 AI（北京智谱华章科技有限公司）是一家专注于打造新一代认知智能大模型的公司，致力于中国创新的大模型技术。智谱清言是该公司推出的一款功能全面的生成式 AI 助手。

智谱清言的网址是 https://chatglm.cn。进入网站后，选择"AI 绘画"进入绘画界面，如图 1-30 所示。它的特点是能够通过聊天的方式进行绘画。

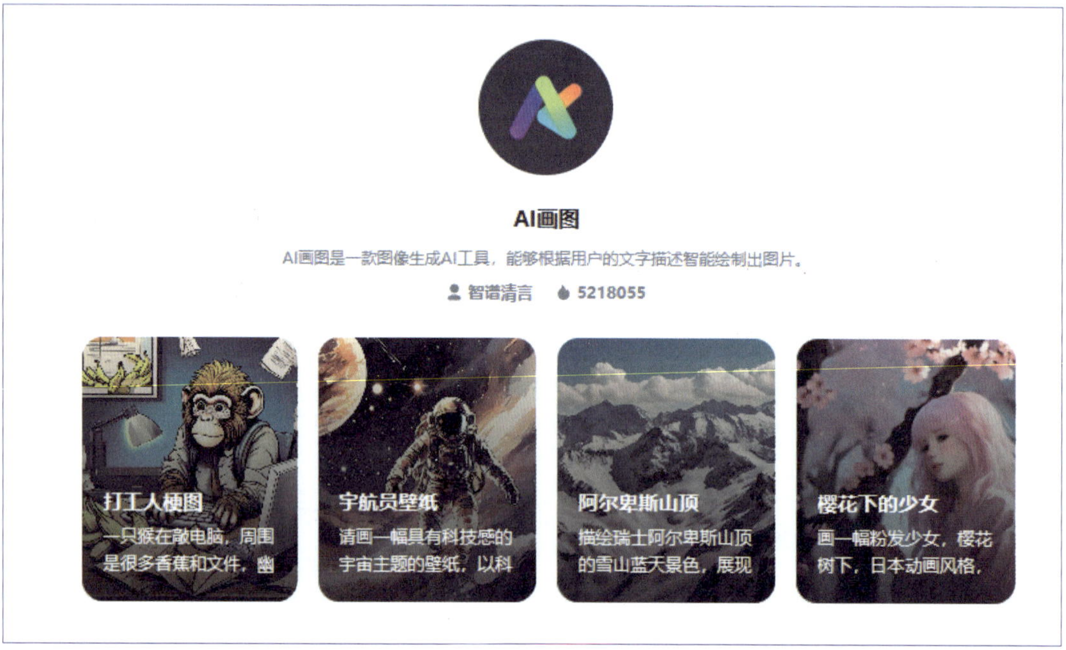

图 1-30 智谱清言的绘画界面

输入提示词：在新海诚动画电影般的细腻笔触下，一幅江南水乡的画卷缓缓展开，16K的超细节分辨率让每一砖、每一瓦、每一叶扁舟都清晰可见。丰富的色彩交织出清新明亮的视觉效果，天空是清澈的蔚蓝，水面泛着温柔的碧波，两岸的柳树随风轻摆，翠绿的枝叶在阳光下闪烁着晶莹的光点。温馨的光影在古建筑的白墙黑瓦间跳跃，营造出一种宁静而温馨的氛围，让人仿佛能嗅到空气中弥漫的清新水汽和泥土的芬芳，感受到时间在这片古老而又充满活力的土地上静静流淌。

生成的图像如图 1-31 所示。

图 1-31 智谱 AI 生成的江南水乡

用户可以在该图的基础上进一步生成图像。输入提示词"变成冬天的场景",生成的图像便变为冬季的场景,如图 1-32 所示。然而,这幅图像并不是在前面的垫图基础上生成的,因此场景变化较大。

图 1-32 智谱 AI 生成的冬天的江南水乡

用户可以进一步输入提示词,在该图的基础上改变画面的效果。智谱 AI 的使用非常人性化,部分模型同时发布了适用于 Windows、安卓和 iOS 版本的 App,用法和网站类似。

5)fluxpro.art

随着 Flux 模型的流行,也诞生了体验 Flux 模型的网站——fluxpro.art,网址是 https://fluxpro.art,用户可以每天用积分生成图像,观看大量网友的作品,学习图像附带的提示词,感受 Flux 的魅力。

随着各种 AI 模型的不断发展,未来将有更多的网站提供 AI 绘画的体验。易用和方便是 AI 绘画工具未来发展的重要趋势之一。

1.4 人工智能绘画的作用

AI 绘画的发展迭代极为惊人。初期阶段,AI 绘画还很难生成优质的图像,很多艺术工作者对 AI 绘画持有轻蔑态度，他们认为 AI 绘画仅仅是一种拼图——拼凑和模仿（更多的是对前人绘画的模仿），对艺术家的作用有限，且不适用于实际的艺术设计。然而，最新版本的 Midjourney、Stable Diffusion 和 Flux 所生成的艺术效果令人惊叹。Kolors 开源中文模型进一步降低了使用门槛。各种模型在 LoRA 和 ControlNet 微调模型的加持下，使得 AI 绘画成为艺术创作和商业设计中不可或缺的辅助工具。

AI 绘画主要在以下方面为创作者提供了帮助。

1 创意拓展

创意拓展是指通过引入新的想法、方法或概念，超越传统边界和常规思维，开拓创作空间，创造出更加独特、创新和有趣的作品。在创意拓展过程中，人们尝试跳出已有的限制，探索新的领域，结合不同元素和概念，进行交叉融合和跨领域创作。这一过程可以激发创作者的想象力、创造力和创新思维，推动艺术和创意的进步。通过创意拓展，我们可以挑战传统观念，拓宽创作边界，创造出具有独特性和前瞻性的作品，为艺术带来新的视角和体验。

AI 绘画可以为设计师提供灵感和方向，生成独特的创意和设计元素，如海报、标志、包装等。设计师可以利用 AI 绘画工具快速生成创意草图，提高设计效率，并创作出独具特色的设计作品。同时，AI 绘画可以帮助艺术家拓展创作思路，通过自动生成图像启发艺术家的创意灵感。例如，图 1-33 展示了使用简单的提示词"Love"在 Flux 中完成的不同创意图像。

图 1-33 在 Flux 中完成的关于"Love"提示词的不同创意图像

AI 绘画作为辅助工具，可以帮助艺术家进行创作，如快速生成草图、进行色彩搭配等。例如，当我们需要制作一个烧烤牛排店的标志时，可以使用 AI 辅助制作草稿，如图 1-34 所示。

图 1-34 标志设计

Flux 提示词：Help me design the logo of the barbecue steakhouse, the overall circular logo is related to the rock art era, symbolizing passion, wild and good food. In the circular interior, the central position is a golden bull head pattern, the image of the bull head is powerful, showing the high quality of the steakhouse ingredients.

Below the sign, there is a line of small print: "Hot Flame Steakhouse," in an original style of lettering that is easy to recognize. The whole logo design not only reflects the characteristics of the steak house, but also full of artistic sense, so that people can feel the charm of food at a glance.

对应的含义：帮我设计烧烤牛排店的标志，标志整体呈圆形，与岩画时代有关，象征热情、狂野与美食。在圆形内部，中央位置是一个金色牛头图案，牛头形象威武雄壮，展现出牛排店食材的高品质。

在标志下方，有一行小字"热焰牛排屋"，字体采用原始风格，易于识别。整个标志设计既体现了牛排店的特色，又富有艺术感，让人一眼就能感受到美食的魅力。

> **备注** 岩画时代是指史前时期人类在岩石表面上绘制图案和图像的时代。这些岩画通常反映了早期人类社会的生活、狩猎活动、宗教仪式等内容。岩画时代可以追溯到约 3 万年前至几千年前，是人类文明发展的重要历史时期之一。

2 风格迁移

风格迁移是一种计算机视觉技术，旨在将一幅图像的艺术风格转换成另一个风格，从而创造出具有新颖艺术效果的图像。风格迁移不仅可以为艺术家和设计师提供创作灵感和工具，还可应用于图像增强、图像生成和视觉效果等领域，为图像处理和创意表达带来新的可能性。

AI 绘画能够模拟各种绘画技巧和风格，生成独特的创意和效果，从而辅助艺术家进行创作。一些艺术家使用 AI 绘画工具生成艺术作品，或将 AI 绘画元素融入自己的创作中，以探索人类与机器之间的关系。

通过模拟多种艺术风格，如油画、水彩、素描等，艺术家可以探索不同的艺术形式和表现手法。图 1-35 展示的是用三种风格创作的风景画。

图 1-35 创作不同艺术风格的风景画

Flux 提示词：no humans, scenery, outdoors, tree, grass, nature, water, sky, house, forest, building, river.

对应的含义：没有人类、风景、户外、树、草地、大自然、水、天空、房子、森林、建筑物、河流。

左图增加了风格提示词"水彩"（water colour）。

中图增加了风格提示词"水墨"（chinese ink painting）。

右图增加了风格提示词"线描"（line art）。

风格迁移也可以通过提示词将两种不同的风格进行融合，从而生成具有新风格的图像，如图 1-36 所示。

图 1-36 风格融合

Flux 提示词：An artwork that fuses Japanese and Chinese painting styles to depict the theme of unity among hybrid creatures and reclaimed materials. The 3D collage composition adds depth and dimension to the artwork, creating a harmonious fusion of artistic traditions.

对应的含义：一幅融合了日本和中国绘画风格的艺术作品，描绘了混合生物与再生材料之间团结的主题。3D 拼贴组合为这件艺术作品增添了深度和维度，创造了艺术传统的和谐融合。

风格迁移可以用于多种应用场景，如艺术风格转换、图像修复、老照片修复等。例如，可以将普通照片转换成具有油画风格或插画艺术风格的图片，或者将老照片修复成现代的彩色照片等，如图 1-37 所示。

图 1-37 照片上色

SDXL 提示词：French woman, 50 years old, portrait, photochrome, World War II.

对应的含义：法国女人，50 岁，肖像，彩色照片，二战时期。

> 备注 本案例采用了 ControlNet 的 Canny 轮廓控制功能。

3 提升品质

AI 绘画通过图像增强、风格模拟、修复重建和创作辅助等技术手段，提升了画面的品质。它可以改善画面的清晰度、对比度和色彩饱和度，模拟艺术家的独特风格，修复受损区域，填补空白部分，并提供创作辅助和实时反馈。这种技术使艺术作品具有更高的视觉质量、艺术感和完整性，为艺术创作带来了新的可能性和创作灵感。

AI 绘画还可以将传统的纸质画作转换为高清的数字图像，方便存储、分享和展览。这为传统绘画的保护和传承提供了新的可能性。

此外，AI 绘画可以通过数字技术和图像处理技术对原画进行修复、纠正、提升和创意合成，从而提升原画的品质和视觉效果。

图 1-38 展示的是采用 ControlNet 微调模型把黑白草图填充为彩色油画效果的实例。

图 1-38 图像填充

AI 也能对具有历史价值的文物进行修复，通过提示词重现历史场景。图 1-39 为兵马俑场景的再现。

Flux 提 示 词：terracotta warriors underground.

对应的含义：地下兵马俑。

图 1-39 场景重现

4 辅助设计

AI 绘画在设计领域中具有重要的辅助作用。它能够为设计师提供创作灵感和参考素材，加快设计过程并改善设计品质。通过生成多样化的设计元素和图案，AI 绘画激发了设计师的创意。它还可以快速生成草图和原型设计，帮助设计师验证和调整设计想法。AI 绘画通过图像编辑和修饰功能，提供高质量的图像重建和修复，从而减少设计中的缺陷和瑕疵。此外，AI 还能提供实时反馈和建议，帮助设计师优化设计方案。总之，AI 绘画为设计师提供了更多的工具和资源，加速了设计过程，提高了设计品质，推动了设计领域的创新和发展。

例如，AI 可以辅助设计电商产品主页，自动生成图像、智能美化和修饰图像、自动化配图以及优化交互设计等，从而帮助设计师提高工作效率和质量，同时提升电商平台的用户体验和收益，如图 1-40 所示。

图 1-40 香水产品

Flux 提 示 词：product photography, commercial photography, close-up. an Estee Lauder skin care product, (In the golden rose bushes:1.2), symmetrical composition, golden environment, reflection, caustics, c4d, octane render, super real, high quality, ultra high definition, very many details.

对应的含义：产品摄影，商业摄影，特写镜头。一款雅诗兰黛的护肤产品（在金色玫瑰丛中：1.2），对称构图，金色环境，反射效果，焦散效果，C4D，Octane 渲染，超真实，高质量，超高清晰度，非常多的细节。

备注 C4D 和 Octane 渲染是三维设计专业术语，Octane 是模拟写实摄影的一个渲染器。

AI 绘画：Stable Diffusion ComfyUI 的艺术

AI 绘画在游戏制作中的辅助作用日益凸显。AI 绘画可以生成游戏中的场景、角色、道具等，为游戏制作提供更多的创意和可能性。许多游戏公司已经使用 AI 绘画技术进行游戏设计和开发，以提高游戏的质量和体验，如图 1-41 所示。

Flux 提示词：The three views of a game character, the Mech Monster, are front view, side view and back view.

对应的含义：一个游戏角色的三视图，机甲怪兽，分别为前视图、侧视图和背视图。

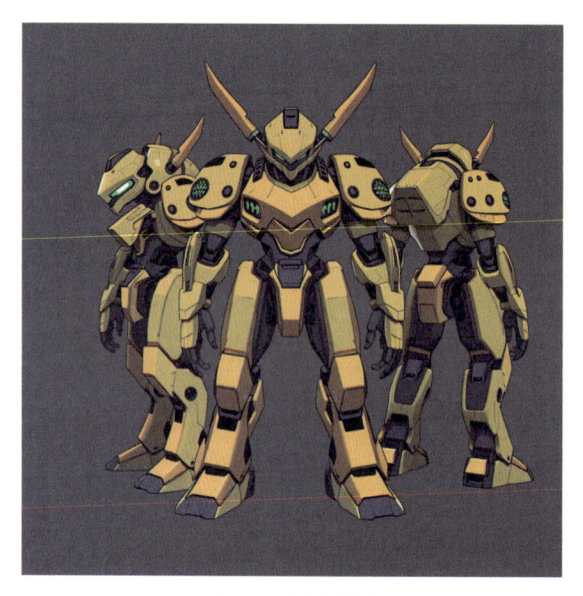

图 1-41 游戏设计

AI 已经涉足电影制作领域。AI 绘画可以生成虚拟场景、特效等，为电影制作提供更多的创意和可能性。一些电影公司使用 AI 绘画技术进行电影设计和制作，提高了电影的生产效率，如图 1-42 所示。

Flux 提示词：King saul, with a crown, with a sad look, looking at the sky, biblical canary, cinematographic light.

对应的含义：国王索尔，戴着王冠，面带悲伤的表情，仰望天空，有着圣经中的光芒，电影般的照明效果。

图 1-42 国王肖像

> **备注** 索尔是电影《指环王》中的人物。

AI 在建筑设计与表现领域中优势明显。AI 绘画可以生成建筑效果图、三维模型等，为建筑设计提供更多的创意和可能性，如图 1-43 所示。

图 1-43 室内场景

Flux 提示词：a three-seater sofa, carpet, end table, west elm chandelier, armchair, residential interior design project with modern organic style, interior decor, crisp lines, neutral colors, natural textures, backdrop of simplicity, aesthetic, bright environment, realistic, V-Ray Renderer, superior quality.

对应的含义：一个三座的沙发，地毯，茶几，West Elm 吊灯，扶手椅，具有现代有机风格的住宅室内设计项目，内部装饰，线条清晰，中性色彩，自然纹理，以简约为背景，美学，明亮的环境，逼真的效果，V-Ray 渲染器，卓越的质量。

> **备注** V-Ray 是建筑设计中常用的三维渲染器。

5 教育与学习

AI 绘画可以成为绘画教育的有力工具，通过图像识别和模拟绘画技巧的方式，帮助学生更好地理解文本原理和技术。学生可以通过 AI 绘画进行实践，提高绘画水平，培养创造力和审美能力，如图1-44所示。

图1-44 红衣女孩

Flux 提示词：A girl in a red dress is flying through the air, pixel art, lots of leaves, soft autumn sunlight, female protagonist, linear perspective, hex color.

对应的含义：一个穿着红色连衣裙的女孩在空中飞翔，像素艺术风格，周围有许多树叶，柔和的秋日阳光，女性主角，线性透视，六边形颜色。

> **备注** 线性透视是一种绘画和视觉表现技巧，用于在二维平面上创造出三维的空间感。它通过使用水平线和收敛的垂直线来模拟远近的效果。

AI绘画在满足个人兴趣与爱好方面起到了积极作用。它能够生成符合个人口味和喜好的定制化艺术作品。同时，AI绘画还提供艺术创作辅助工具，帮助个人提升绘画能力和进行实践创作。通过学习和推荐，AI 绘画还为个人提供了艺术欣赏和探索的机会，拓宽了艺术视野。此外，AI 绘画还提供了互动参与的体验，让个人参与艺术创作过程，满足其创作欲望。

在人工智能时代，绘制一幅图像只需输入相应的提示词。例如，如果对宇宙充满兴趣，可以快速生成一幅宇宙图像，满足自己的好奇心，如图 1-45 所示。

图 1-45 宇宙

Flux 提示词：Space, universe, top view angle, looking towards the area in space, magnificent, massive, high-definition.

对应的含义：太空，宇宙，俯视角度，朝向太空区域，壮丽，巨大，高清晰度。

传统绘画需要耗费大量的时间和精力来掌握某种绘画技能，而 AI 绘画则显著降低了学习成本，为个人提供了个性化的艺术体验和发挥创造力的空间，满足了个人的兴趣与爱好需求。

有趣的是，我们也可以输入一个开放的提示词，让 AI 自由发挥，有时能获得意想不到的效果。如图 1-46 所示的系列图像，它的提示词是 "The most beautiful image ever created（这是有史以来最美丽的画面）"，用 Flux 模型自由发挥完成。

图 1-46　Flux 自由发挥的作品

　　虽然 AI 绘画正在以极其迅猛的速度发展，但一些缺陷在短期内仍难以弥补。AI 生成的画面乍一看非常令人惊艳，但当仔细观察其细节时，经常会发现一些问题，例如线段莫名其妙地分叉或断开，色彩相互污染，物件摆放存在物理错误等。AI 图像的细节往往经不起推敲。同时，AI 的可控性依然不足，即使有图生图、LoRA 和 ControlNet 微调模型的辅助，生成的图像仍然难以精确控制。使用简单的提示词，如"一个可爱的宝宝，红扑扑的脸"，AI 生成的画面与你想象的可能完全不同。AI 最大的缺陷是缺乏情感，它只是一个冷冰冰的程序。虽然它生成的图像非常漂亮，但在千万件作品中，笔者尚未看到一幅让人感动、引起情感共鸣的作品，这也是 AI 无法替代人类的根本原因。

此外，在使用 AI 工具时，需要遵守相关的法律法规，增强版权意识，不要生成血腥暴力的图像，避免用以假乱真的 AI 图像制造虚假信息等。

虽然 AI 绘画存在一些缺陷，但它正以前所未有的速度迭代升级，逐渐改善已有的一些不足。它在提高我们的工作效率、丰富我们的艺术风格、提供更多的创意和可能性方面具有不可替代的作用。

1.5 思考与练习

1. 思考题：AI 绘画能够发挥哪些作用？
2. 思考题：AI 绘画的提示词一般包含哪些内容？提升画面质量的提示词技巧有哪些？
3. 上机内容：在线完成中国风旗袍女孩的制作。

第 2 章 ComfyUI 基础

AI 绘画:
Stable Diffusion ComfyUI
的艺术

本章概述

本章将介绍 ComfyUI 的操作基础,包括 ComfyUI 界面的各项参数、导入工作流的方法,以及其他相关内容。

本章重点

- 掌握 ComfyUI 的界面参数

Stable Diffusion 具有多个 UI 版本,其中 WebUI 版本拥有广泛的用户基础。WebUI 是一个基于 Stable Diffusion 模型的图形用户界面工具,提供了直观的操作界面,使用户可以通过简单的单击和选择参数来生成图片。它特别适合新手用户,因为其界面简单、直观,并且已经整合了大量开发好的工具和模型。用户无须自己寻找,直接就能使用。

Forge 版本是 Stable Diffusion WebUI 的一个优化版本,提供了显著的性能提升,特别是在显存管理和推理速度方面。2024 年 8 月,Forge 版本支持 Flux 模型。

Cascade 版本于 2024 年 2 月发布,由 Stability AI 推出。它由三个模型组成:Stage A、Stage B 和 Stage C,分别处理图像生成的不同阶段。这种级联方式使得 Stable Cascade 在推理速度和训练成本上具有显著优势,因为它可以在更小的潜在空间中工作。

Fooocus 版本在易用性、上手难度以及出图效果和速度方面表现出色。对于新手用户,Fooocus 提供了简洁的界面和直观的操作步骤,使得上手更加容易。同时,它提供了"质量""速度"和"极速"三种生成选项。用户可以根据自己的需求选择合适的生成速度,从而在速度和质量之间做出权衡。

ComfyUI 版本于 2023 年 3 月发布,它是一个基于节点流程的图形用户界面和后台工具,允许用户通过调整模块定制工作流程，具有低内存需求、快速启动和出图的特点，特别适合专业用户使用。从 2023 年下半年起，越来越多的用户开始使用 ComfyUI。随着生态圈的日益扩大与成熟，ComfyUI 逐渐成为应用 Stable Diffusion 的主流版本。

2.1 为什么要学习 ComfyUI

1 ComfyUI 的特点

相较于其他版本，特别是 WebUI，ComfyUI 具有以下显著特点。

（1）ComfyUI 模拟了 Stable Diffusion 的工作流程，提供了更高的兼容性。Stable Diffusion 的工作流程如图 2-1 所示。

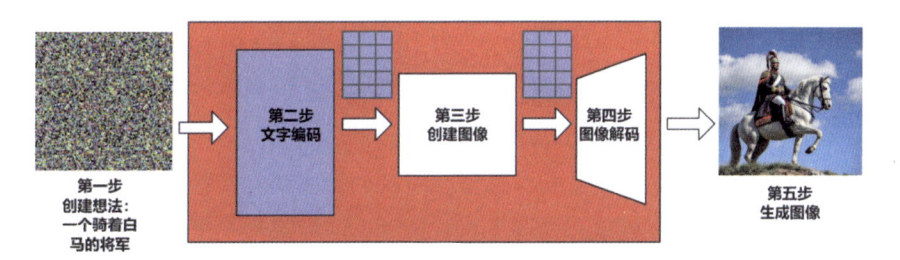

图 2-1 Stable Diffusion 的工作流程

各步骤说明如下：

- 第一步：创建想法。从模型库中选择一个扩散噪声图像作为生成图像的起点，生成的图像可以是"创建一个骑着白马的将军"等概念。
- 第二步：文字编码。输入文本提示，描述希望生成的图像的特征，例如主题、风格、颜色、物体等。AI 程序会对这些文本进行编码，即通过 CLIP 文本编码器将文本提示转换为文本嵌入。
- 第三步：创建图像。使用潜在种子生成一幅随机的潜在图像，然后 UNet 在文本嵌入的条件下迭代地对潜在图像进行去噪。去噪过程会重复多次，以便逐渐获得更好的潜在图像。在每次去噪过程中，噪声残差用于计算去噪后的潜在图像。
- 第四步：图像解码。潜在图像通过 VAE（Variational Auto Encoder，变分自动编码器）解码器解码为图像。
- 第五步：生成图像。将解码后的图像转换为可显示或保存的格式，例如 PNG 格式。

打开 ComfyUI，我们会发现默认的工作流程与 Stable Diffusion 内核流程非常类似。ComfyUI 默认文生图工作流的示意图如图 2-2 所示。

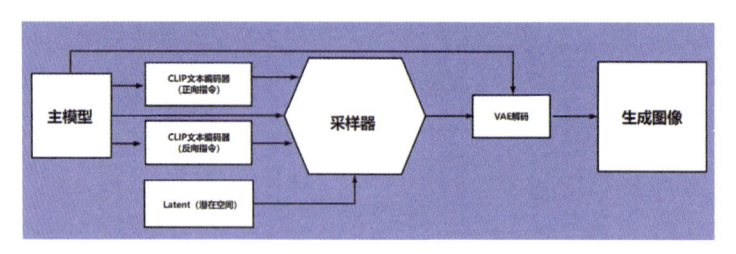

图 2-2 ComfyUI 默认的文生图工作流

说明如下：

- 主模型即噪声扩散模型。
- CLIP 文本编码器即文字解码。
- 采样器即潜在空间中去噪的过程。
- VAE 解码即图像编码。
- 最后环节为生成图像。

ComfyUI 的运算流程与内核的高度一致性体现了 ComfyUI 的科学性和合理性，这也是 Stable Diffusion 官方高度认可的操作界面。

（2）ComfyUI 是一个节点式工具，由节点架构的工作流完成整个流程，每个节点代表一个特定的任务或操作。用户可以将这些节点连接起来，形成一个完整的图像生成流程。

2 使用 ComfyUI 的优势和劣势

ComfyUI 是开源的项目，开源能够促进技术创新，降低开发成本，提高软件质量，增强社区协作，提供教育和学习机会以及增加透明度和信任度。通过共享源代码和知识，开源项目汇聚了全球开发者的智慧，加速了问题的解决，同时为用户提供了自由定制和改进软件的能力。ComfyUI 的源项目链接地址为 https://github.com/comfyanonymous/ComfyUI。

ComfyUI 的优势：

- 更新快，功能完善。ComfyUI 和 Stable Diffusion 的工作原理一致，两者能很好地兼容，因此更新速度非常快。新的模型或扩展通常在一两天内就能获得支持。
- 资源占用低。与 WebUI 相比，ComfyUI 的资源占用更低，可以用较少的显存运行较大的模型。
- 定制化和灵活性。用户在熟练应用工作流后，可以通过组合不同的节点创建复杂的工作流，以实现个性化的图像生成需求。
- 广泛支持各类模型。ComfyUI 不仅支持 Stable Diffusion，还能第一时间支持最新的开源模型，如非 SD 模型 Playground、Kolors、Flux 等。它已经成为 AI 绘画的共享运行平台。

ComfyUI 的劣势：

- 对初学者不够友好。初学者可能需要学习一段时间后才能掌握节点式操作，并且需要一定的技术背景来充分利用 ComfyUI 的功能和理解节点的工作原理，在构建和优化工作流时也可能需要投入更多精力。
- 节点种类繁多，功能参差不齐。ComfyUI 是完全开源的，节点种类层出不穷且杂乱无章，功能也参差不齐，因此初学者可能会感到困惑。另外，系统环境配置错误率高，容易产生一些环境和系统错误，与用户缺乏亲和力。

基于初学者在使用 ComfyUI 时较难上手的问题，本书写作的基本原则是简化工作流，使思路清晰，尽量用较少的节点完成相关流程。

2.2 模型

在 AI 绘画中，模型是核心，它通过深度学习技术吸收和模拟艺术作品的风格与结构，使得 AI 能够自主创作或根据用户提示词生成具有个性化特征的艺术图像，从而推动艺术表达的创新和多样性发展。

1 SD 模型版本

SD 的主模型主要有几个流行版本，其中 SD1.5 是第一代流行模型。它具有较低的硬件要求，优化和训练方便，目前依旧拥有良好的生态圈。它在二次元与写实风格方面表现优秀，如麦橘写实、墨心水墨、Counterfeit 卡通等模型的效果非常出色。图 2-3 为麦橘写实风格模型的发布页面。

图 2-3 麦橘写实模型

SDXL 模型是第二代模型，它的综合性强，画质优秀，目前具有最好的生态圈，并拥有大量优秀的优化模型，如 Juggernaut XL、DreamShaper XL 等。图 2-4 为 Juggernaut XL 模型的发布页面。

图 2-4 Juggernaut XL 模型的发布页面

SD3 是 2024 年发布的模型，其生态圈目前还不健全，辅助功能也不完善，用户量相对较少。SD 的三代模型之间不兼容，LoRA、ControlNet 等功能只能与对应的版本匹配。

2 不同公司的开源模型

除了 Stability AI 公司开发的 Stable Diffusion，其他公司的模型也可以在 ComfyUI 中得到很好的应用。

1）Playground 模型

Playground 是一个先进的开源文本到图像生成模型，以其在美学质量、色彩饱和度、对比度以及多宽高比图像生成方面的卓越表现而著称。它采用 EDM 框架进行训练，生成的画面风格化程度较强。它的开源权重可在 HuggingFace 平台上获取。Playground 为艺术创作和设计领域提供了一个功能强大的工具。图 2-5 是 Playground V2.5 模型生成的图像。

图 2-5 Playground V2.5 模型生成的图像

Playground 提 示 词：Fantasy surreal glittering tiny pixie creature, by Craola, Semenov, big detailed expressive glowing eyes hyperrealism, macro, otherworldly light inside blueberries transparent glass, blueberry berries on a branch, frost, snow, water drops, sky, medium glow, cute and charming, filigree, detailed body texture dreamlike, tender, filigree looking in camera, sky, sleek, modern, fairytale, fantasy, by Andy Kehoe, artistic water drops, dynamic pose, tender, octane render, soft natural volumetric light, atmospheric, sharp focus, centered composition, professional photography, complex background, soft haze, masterpiece. Animalistic, beautiful, tiny detailed.

对应的含义：幻想超现实的闪亮小精灵生物，由 Craola 和 Semenov 创作，具有超现实主义的、超大的、富有表现力的发光眼睛，宏观视角，蓝莓内部的异世界光芒透过透明玻璃，蓝莓枝上的浆果，霜冻，雪，水滴，天空，中等亮度，可爱迷人，细腻的纹理，梦幻般的触感，温柔地望向镜头，天空，光滑，现代感，童话般的，幻想，由 Andy Kehoe 创作，艺术性的水滴，动态的姿势，温柔，Octane 渲染，柔和的自然体积光，氛围感，清晰焦点，中心构图，专业摄影，复杂背景，柔和的雾气，杰作。动物般的，美丽，微小而精致。

> **备注** 在提示词中，加入艺术家的名字有时能带来意想不到的风格效果。

2）AuraFlow 模型

AuraFlow 模型是由 Fal 团队推出的大型开源文本到图像生成模型，它是基于流程的生成模型，能够根据文本提示生成图像。它在遵循提示词方面表现出色，能够快速生成与文本描述相符的图像。AuraFlow 模型的初始版本为 V0.1，包含 68 亿个参数，是一个完全开源的 Diffusion Transformer 模型，具有较强的发展潜力。图 2-6 是该模型生成的作品。

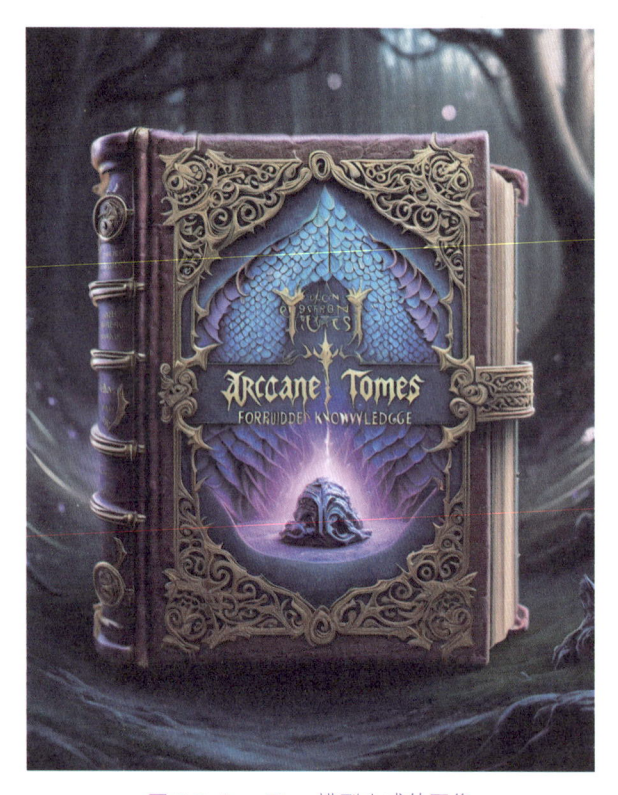

图 2-6 AuraFlow 模型生成的图像

AuraFlow 提示词：Create an image of a mystical, ancient tome bound in a worn, supple leather adorned with intricate, golden filigree patterns. The cover features a majestic dragon-scale design in a gradient of blues and purples, with the title 'Arcane Tomes: Forbidden Knowledge' emblazoned in bold, gothic script across the top in gold ink. In the center of the cover lies an ancient, glowing artifact emitting an otherworldly aura. The image is set against a backdrop of a mystical, dreamlike forest at dusk, with soft, ethereal lighting and subtle, shimmering effects to convey a sense of mystery and wonder.

对应的含义：创建一幅神秘古老书籍的图像，这本书装订在磨损而柔软的皮革中，上面装饰着复杂的金色细工图案。封面上有一个威严的龙鳞设计，呈现出蓝色和紫色的渐变，顶部用大胆的哥特式字体和金色墨水印有书名"奥术卷轴：禁忌知识"。封面中央放置着一个古老而发光的神器，散发着超凡脱俗的气息。这幅图像的背景设在黄昏时分的神秘梦幻森林中，有着柔和的空灵光线和微妙的闪烁效果，传达出一种神秘和惊奇的感觉。

第 2 章 ComfyUI 基础

其他优秀模型的生成效果也非常出色，如黑色森林实验室的 Flux 模型和快手的 Kolors，在后续章节将详细介绍它们的用法。这些大模型如雨后春笋般开源发布，对于用户来说，无疑是一大福音。

3 蒸馏模型

作为开源模型，Stable Diffusion 允许用户对基础模型进行微调以提升生成速度。例如，SDXL 模型在基础模型的基础上诞生了几类蒸馏模型，这些模型在保证图像质量的同时显著提高了生成速度。

- SDXL-Lightning：这是基于 SDXL 的一步或少数几步 1024 像素文本到图像生成模型，它采用扩散精馏方法，并结合渐进和对抗性精馏，实现了质量和模式覆盖之间的平衡。
- SDXL Turbo：这是一个快速文本到图像的生成模型，它利用了 Adversarial Diffusion Distillation 方案，能够在 1~4 步内生成高质量图像，接近实时性能。

比较流行的 SDXL 优化模型都开发了蒸馏模型，并允许用户从网页下载。图 2-7 为 dreamshaper2.1Turbo 模型，本书部分案例也应用了该模型。它的网址为 https://civitai.com/models/112902?modelVersionId=351306。

图 2-7 dreamshaper2.1Turbo 模型

Turbo 模型只需 4~8 步采样、CFG 值为 2，就能在 1 秒内实时生成优质图像，展现了很强的应用潜力。

4 深度学习模型的类型

在 ComfyUI 中，主模型分为 Checkpoint 模型、CLIP 模型和 UNet 模型，这三种深度学习模型在结构和应用场景上有所差别。

- Checkpoint 模型：通常指在训练过程中某个特定时刻保存的模型状态，包括权重和优化器的状态等。Checkpoint 模型保存了训练过程的中间状态，因此文件通常较大，适合需要继续训练的场景。
- CLIP 模型：是一种多模态预训练神经网络，它通过学习大量图像和文本的配对数据来理解图像和文本之间的关系。CLIP 模型由两个主要部分组成：文本编码器和图像编码器。在预测阶段，CLIP 通过计算文本和图像向量之间的余弦相似度来进行预测，特别适用于零样本学习任务，如图像文本检索、图文生成等。
- UNet 模型：是一种用于图像分割的卷积神经网络。UNet 的结构中包含一个编码器（用于图像特征提取）和一个解码器（用于图像重建），它通过跳跃连接将编码器的输出与解码器的相应层相连，以提高分割精度。UNet 模型通常用于需要精确定位和分割图像中特定结构的任务。

总结来说，Checkpoint 模型侧重于保存训练过程中的状态以便后续使用，CLIP 模型侧重于图文多模态任务，而 UNet 模型则专注于图像分割任务。我们下载的 SDXL 优化模型绝大部分是 Checkpoint 格式，而官方发布的基础模型如 SD3、Kolors、Flux 模型，往往采用后面两种格式。

ComfyUI 除支持多种模型类型外，还包括编码解码模型 VAE，以及 LoRA 模型、ControlNet 等扩展使用的微调模型。每次使用时，要根据该扩展发布页面的说明，按照安装要求进行下载，并将它们复制到对应的模型目录。

5 常用模型的下载与安装

由于 SD 模型占用空间较大，为了缩减体积，SD 整合包通常只包含少量模型，因此用户需要手动下载和安装自己所需的模型。

下载模型常用的网站有 Liblib.ai（哩布网）和 Civita.com（C 网）。

Liblib.ai 网站也提供 SD 的在线应用服务，可以直接单击"在线生图"进行线上学习和体验。网页中会显示各个模型生成的图像，若图像左上角显示的是 Checkpoint，表示这是一个主模型，如图 2-8 所示。单击图像会跳转至下载该模型的页面，下载完毕后将它复制至目

录 \ComfyUI\models\checkpoints\。

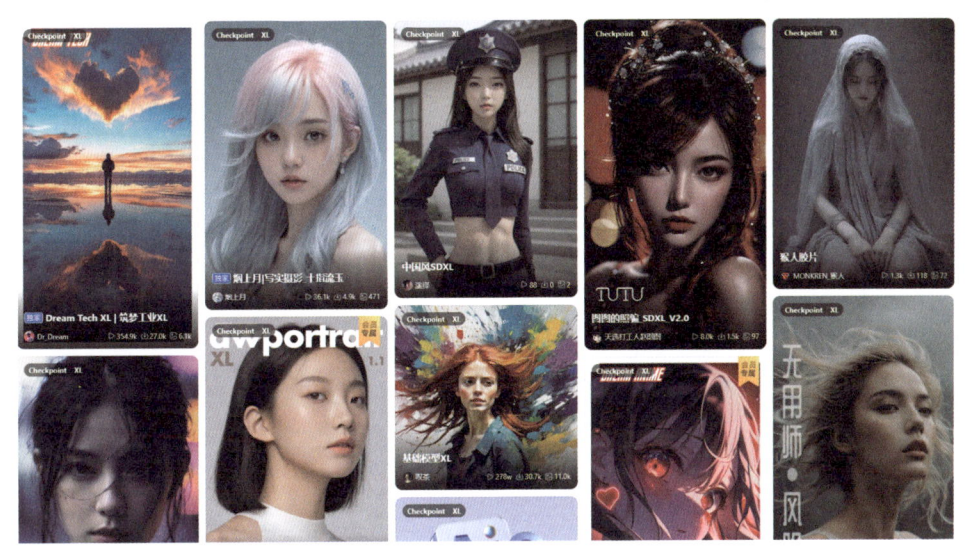

图 2-8 模型下载页面

若图像左上角显示的是'LoRA'表示这是一个微调模型。单击该图像会跳转至下载该模型的页面，下载完毕后，将文件复制至目录 \ComfyUI\models\\loras\。重启后，模型列表中将会显示新添加的模型。

Liblib 中的模型类型不够丰富，如果网络条件允许，建议前往 Civitai.com 或它的镜像网站下载更多模型。

2.3 共享 WebUI 的路径

计算机上通常同时安装了 WebUI 和 ComfyUI 版本。为了节省硬盘空间，可以在 ComfyUI 中共享 WebUI 的模型路径。具体操作步骤如下：

01 首先定位到ComfyUI的配置文件extra_model_paths.yaml.example，该文件通常位于ComfyUI的根目录下。

02 将extra_model_paths.yaml.example文件重命名为extra_model_paths.yaml，这样ComfyUI就可以加载它作为配置文件。

03 使用文本编辑器打开extra_model_paths.yaml文件，并修改base_path的值。将base_path指向WebUI的安装路径。例如，如果WebUI安装在d:\stable-diffusion-webui，则修改为：

```yaml
a111:
  base_path: d:/stable-diffusion-webui
```

> **注意** 路径中的反斜杠（\）需要替换为正斜杠（/）。

04 如果模型文件存放在特定的子文件夹内，则确保在extra_model_paths.yaml文件中正确指定这些路径。例如，如果ControlNet模型存放在extensions\controlnet\models中，则需要在配置文件中进行设置。

05 保存并关闭extra_model_paths.yaml文件。

06 重新启动ComfyUI，现在ComfyUI应该能够识别并使用WebUI中的模型文件了。

通过这种方式，不仅可以避免重复下载和存储相同的模型文件，还能简化模型管理过程。

2.4 ComfyUI 整合包

本书采用的 ComfyUI 是秋叶整合包。通俗地讲，这个整合包将 ComfyUI 整合成了绿色硬盘版，下载并解压后，用户无须进行复杂的系统环境设置，便可直接使用。

如果不使用秋叶整合包，则需要自行安装 ComfyUI。

首先，需要将 ComfyUI 的仓库复制到本地。开源发布网页为 https://github.com/comfyanonymous/ComfyUI。

然后，安装所需的 Python 库，通常包括 PyTorch、Torchvision 和 Torchaudio。另外，还需安装额外的依赖项才能启动 ComfyUI。

对于初学者来说，这个过程相当烦琐，因此推荐使用整合包。

ComfyUI 秋叶整合包的优点在于，它提供了一个经过精心优化和预配置的环境，适合希望快速上手并高效利用 Stable Diffusion 模型进行 AI 图像生成的用户。整合包包括易于使用的节点式界面、丰富的预设节点和工作流、对多种模型和功能的支持，以及针对不同硬件配置的优化，使图像生成过程更加高效、灵活且用户友好。此外，秋叶整合包还包含版本更新和改进，为用户提供持续的支持和资源，进一步增强了 ComfyUI 的使用体验。

启动器的启动界面

解压压缩包后，执行 "A 绘世启动器" 文件，打开启动器的启动界面，如图 2-9 所示。

第 2 章 ComfyUI 基础

图 2-9 启动器的启动界面

启动界面集中管理了 ComfyUI 的日常操作。界面中间的四个按钮分别对应根目录、自定义节点、输入图片和输出图片，能够快速打开相应的文件夹。单击界面右下角的"一键启动"按钮即可启动 ComfyUI。界面左侧区域包含启动器的几个常用选项。

- （高级选项），其主要功能包括性能设置、环境维护和补丁管理，如图 2-10 所示。如果计算机配置较低，可以在"显存优化"中选择适合的选项。

图 2-10 "高级选项"面板

- （疑难解答）：如果ComfyUI存在故障，可以单击该面板的"开始扫描"按钮来查找问题，并根据诊断结果去解决问题，如图2-11所示。

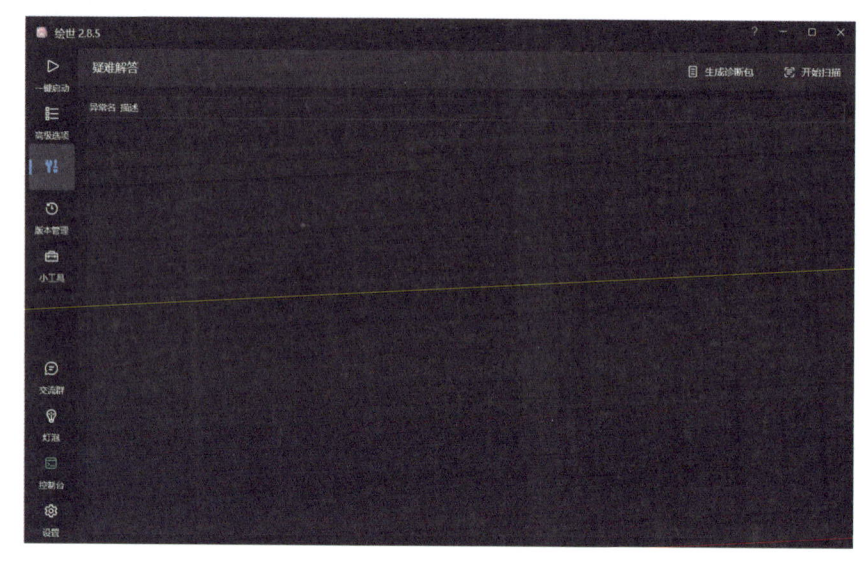

图2-11 "疑难解答"面板

- （版本管理）：这是一个非常重要的选项，主要用于更新软件与扩展。建议每次启动时都进行全部更新。单击该面板中的"内核"按钮可以查看ComfyUI的版本，单击"一键更新"按钮可以升级到最新版，如图2-12所示。

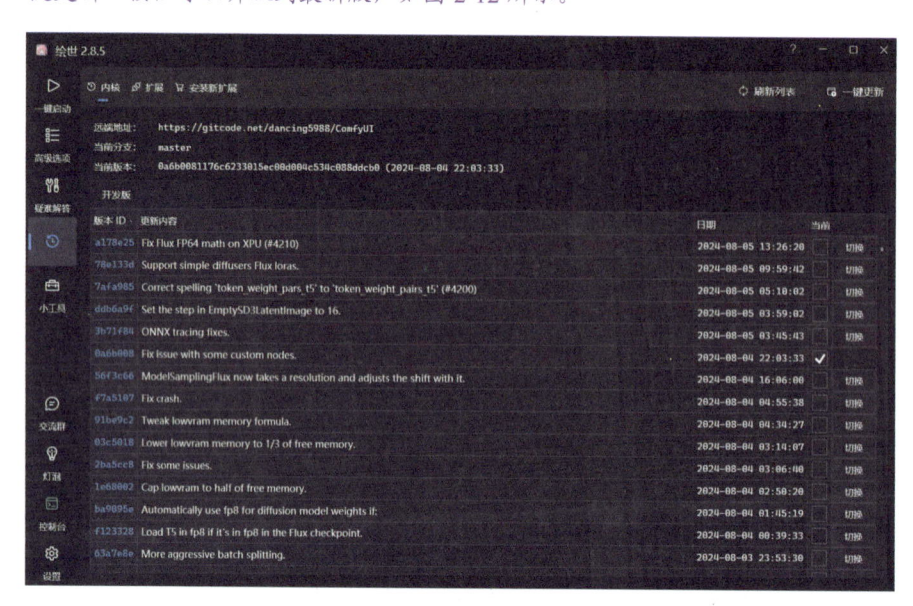

图2-12 "内核"面板

第 2 章 ComfyUI基础

"扩展"是 ComfyUI 的插件管理功能，用于对已经安装的插件进行升级、切换版本和卸载，如图 2-13 所示。

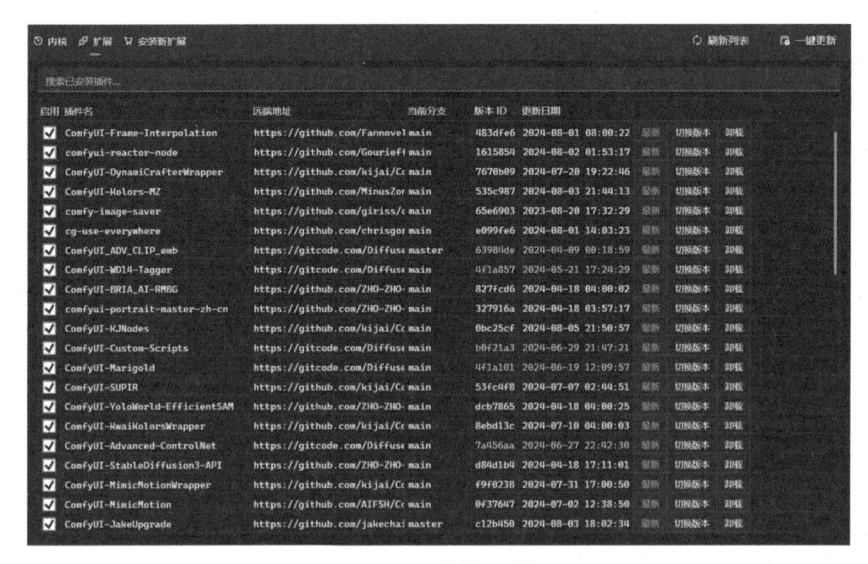

图 2-13 "扩展"面板

"安装新扩展"功能允许我们直接根据插件的名称或网址安装新插件，如图 2-14 所示。

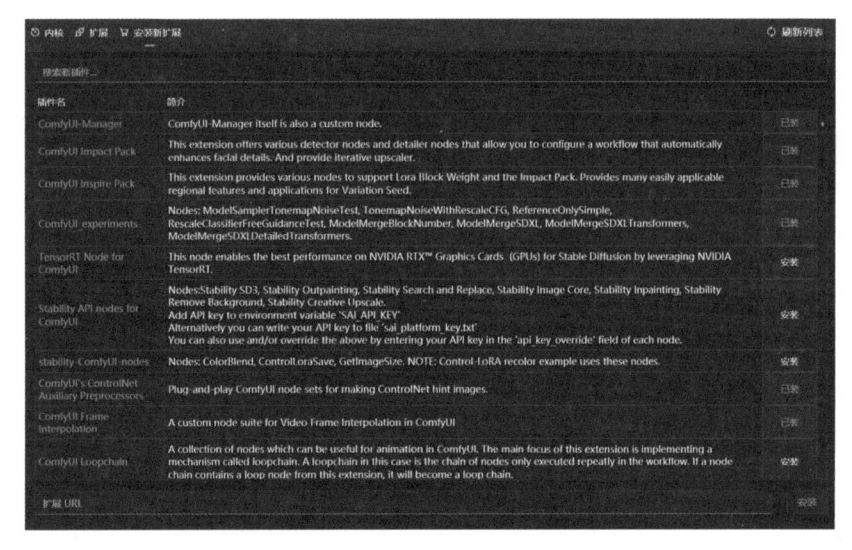

图 2-14 "安装新扩展"面板

- （控制台）：该选项也较为重要，它实时显示 ComfyUI 运行时的状态和信息。如果程序出现错误，可以在此面板查看反馈信息，如图 2-15 所示。控制台右上角的"终止进程"

49

用于关闭 ComfyUI，"一键启动"则用于启动 ComfyUI。

图 2-15 控制台面板

- ![设置图标]（设置）：该项用于设置常用的网络、偏好和环境等，如图 2-16 所示。

图 2-16 设置面板

2.5 ComfyUI 的界面

单击启动界面中的"一键启动"按钮，控制台会通过网络在线更新系统环境、内核和扩展。稍等片刻后，浏览器将自动打开 ComfyUI 界面，如图 2-17 所示。该界面为 2024 年 8 月上旬的版本。

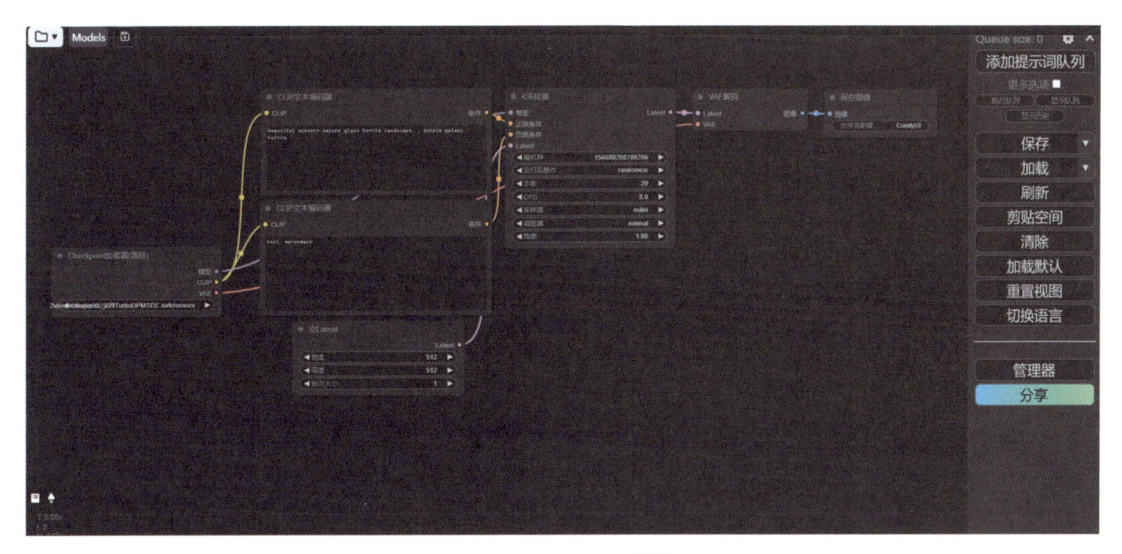

图 2-17 ComfyUI 界面

8 月 15 日，ComfyUI 进行了重大升级，界面有了较大变化，2.10 节将进行新界面的介绍。目前，已公开发布的教程大部分采用的是旧界面，为便于学习，用户可以在启动器中进行设置，选择"版本管理"和"内核"，更改到 8 月 14 日之前的版本。

单击 ComfyUI 界面右上角的 ⚙（设置）按钮，打开"设置"面板。在该面板中，常用的设置项是"语言"选项，可以将语言设置为中文，如图 2-18 所示。

图 2-18 设置面板

1 操作面板

ComfyUI 界面的右侧为操作面板，提供基础操作和快捷功能，如图 2-19 所示。

各项说明如下：

- 添加提示词队列：配置好工作流后，单击此按钮将任务加入队列并执行，生成图像。
- 执行队列：用于执行生成图像的任务队列。
- 显示队列：显示当前队列的状态。
- 显示历史：显示生成图像的历史记录。
- 保存：将当前工作流保存至 JSON 文件。
- 加载：从磁盘上载入工作流文件。
- 刷新：使管理器获取最新的系统状态信息，重新加载管理器的界面。
- 剪贴空间：将当前正在处理的节点配置、参数设置或者特定的图像等内容暂时存储起来。
- 清除：清空当前的工作流。
- 加载默认：加载默认的文生图工作流。
- 重置视图：调整视图大小以适配窗口。
- 切换语言：切换界面的语言（中文或英文）。
- 管理器：打开管理面板进行节点管理，包括安装缺失节点、管理模型、更新节点和软件等功能，它与启动器的部分功能类似，如图 2-20 所示。

图 2-19 ComfyUI 操作面板

图 2-20 管理器面板

2 工作流视图

工作流视图是 ComfyUI 的主要界面，用于节点的添加、编辑、删除和连接。图 2-21 展示了 ComfyUI 默认的工作流视图。

图 2-21 工作流视图

一个工作流主要由以下部分组成：

- 节点（node）：节点是工作流的核心组成部分，每个节点都是一个矩形块，例如 Checkpoint 加载器、CLIP 文本编码器、K 采样器、VAE 解码器、保存图像等。
- 连线（edge）：用于表示节点之间的输入和输出连接。
- 输入（input）：节点左侧的文本和点，表示连接的输入端。
- 输出（output）：节点右侧的文本和点，表示连接的输出端。
- 参数（parameter）：用于设置节点中的字段，例如 ckpt_name（模型名称）、prompt（提示词）、seed（随机种子）等。

2.6 扩展节点的安装

扩展是 ComfyUI 的重要组成部分，是 ComfyUI 强大功能的来源之一，它们极大地增强了 ComfyUI 的可用性和功能性。

在安装扩展时，请确保网络畅通，以便顺利访问互联网（部分扩展在安装时需要访问外网）。

下面以 Impact Pack 为例，演示扩展的安装流程。安装扩展有三种方法：

1 使用 git clone 命令安装

首先，在网络上搜索 Impart Pack，找到 GitHub 官方发布页面，查阅插件说明，如图 2-22 所示。

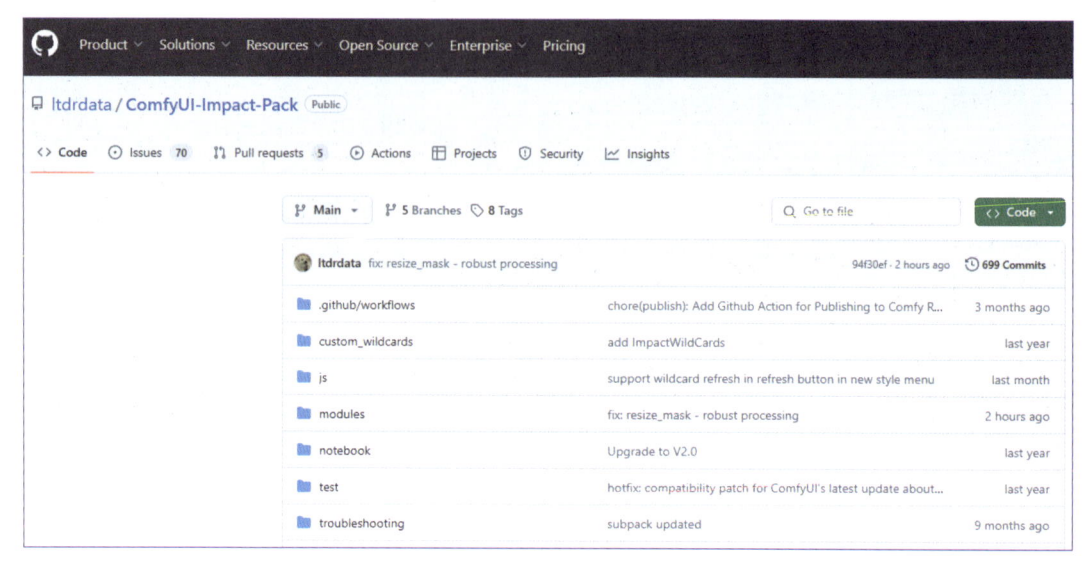

图 2-22 GitHub 发布页面

然后，进入 ComfyUI 的 custom_nodes 目录。

最后，打开 Windows 的命令行（CMD）终端，运行 git clone 命令安装扩展，如图 2-23 所示。

```
git clone https://github.com/ltdrdata/ComfyUI-Impact-Pack
```

图 2-23 运行 git clone 命令

安装完成后，需要重启 ComfyUI 以加载新节点。

一些扩展可能需要单独下载模型，请根据说明进行下载，并复制至对应的目录。

2 通过启动器安装

打开启动器，切换到"版本管理"，选择"安装新扩展"，在"搜索新插件"文本框内输入"Impact-Pack",单击搜索结果右侧的"安装"按钮。安装完成后,重启 ComfyUI。

如果有些插件较冷门,在启动器中搜索不到,只需在"安装新扩展"界面的底部输入该扩展的 GitHub 网址(例如 github.com/ltdrdata/ComfyUI-Impact-Pack)即可安装。

3 通过管理器安装

在 ComfyUI 操作面板中,选择"管理器",弹出"ComfyUI 管理器"面板。在该面板中选择"节点管理",在搜索框中输入 impact 进行搜索,找到后选择安装即可。

2.7 工作流管理

对于初学者,使用 ComfyUI 搭建工作流可能一时难以上手,可以通过以下方法把官方发布或网友分享的工作流文件导入自己的 ComfyUI 中。

1 导入 SD 生成的 PNG 图像

从 Libilib.ai 或 Civita.com 下载网友创作的 PNG 图像,或者官方创建的案例图像,然后将其直接拖入 ComfyUI,即可搭建该图像的工作流。

> **备注** SD 生成的 PNG 文件通常包含工作流信息,包括 WebUI 生成的图像。

2 导入工作流文件

从 Libilib.ai 或 Civita.com 网站下载 JSON 工作流文件,然后在 ComfyUI 操作面板上单击"加载"按钮将其导入工作流。

3 ComfyUI 发布页分享

ComfyUI 发布页分享了大量工作流,基本能够满足绝大部分工作和学习需要,网址为 https://comfyanonymous.github.io/ComfyUI_examples。下载工作流后,在 ComfyUI 操作面板中单击"加载"按钮将其导入工作流。

4 自己创建工作流

可以把自己创建的图像工作流通过"保存"按钮保存为 JSON 文件,以方便重复使用或与其他用户进行分享。将生成的 PNG 图像拖入工作流视图,也会加载工作流。

在使用 ComfyUI 时,大部分时间我们并不需要自己创建工作流,只需导入官方或插件扩展开发者发布的工作流即可。

2.8 ComfyUI 的基础操作

在 ComfyUI 操作面板上，单击"加载默认"按钮以导入默认工作流，以下是一些基本操作说明：

- 在工作流视图的空白处按住鼠标左键并拖动，可以移动整个画布。
- 在节点上按住鼠标左键并拖动，可以移动节点。
- 使用鼠标滚轴可以放大或缩小画布。
- 按住输入或输出接口的点进行拖曳，可以用连线连接两个节点。注意，连接时输入和输出的类型必须匹配。
- 单击鼠标右键弹出的快捷菜单。
- 常用快捷键如表 2-1 所示。

表2-1 常用快捷键列表

快捷键	说明
鼠标左键	拖动视图
鼠标滚轴	缩放视图
鼠标右键	弹出选择节点选项
双击鼠标	弹出搜索节点面板
按住Ctrl	框选
按住Shift	多选
按住Alt	复制节点
Delete	删除
Ctrl+Z	恢复上一步

1 在视图空白区域右击

在视图空白区域右击，会弹出一个快捷菜单，主要用于视图和创建新节点的各种操作。如果安装了扩展插件，快捷菜单中还会显示相应的扩展功能。如图 2-24 所示，展示了笔者安装的 Easyuse、RG 节点和 tinyterraNodes 节点的各种功能选项。

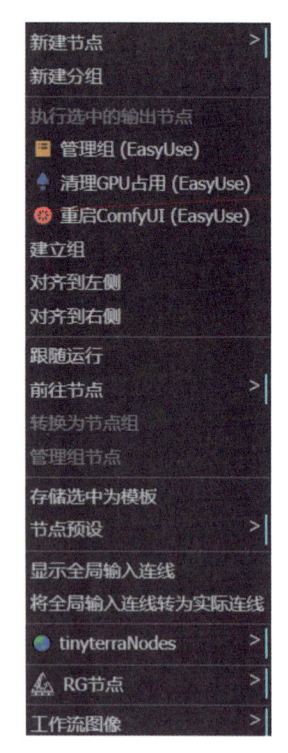

图 2-24 快捷菜单选项

其中三个较为重要的选项是新建分组、对齐到左侧和对齐到右侧。

1）新建分组

ComfyUI 的分组功能允许用户将一系列的节点组织成模块化的分组，从而方便地对这些节点统一进行操作和管理。接下来介绍如何设置分组。

第 2 章 ComfyUI基础

01 加载默认工作流。

02 在工作流视图的空白处右击,在弹出的快捷菜单中选择"新建分组",在弹出的标题输入框中输入"提示词",如图2-25所示。

图 2-25 给新建分组命名

03 使用鼠标调整"提示词"分组的大小,把正面和反面CLIP文本编码器放入组区域。移动分组时,分组会联动(即同时移动),如图2-26所示。

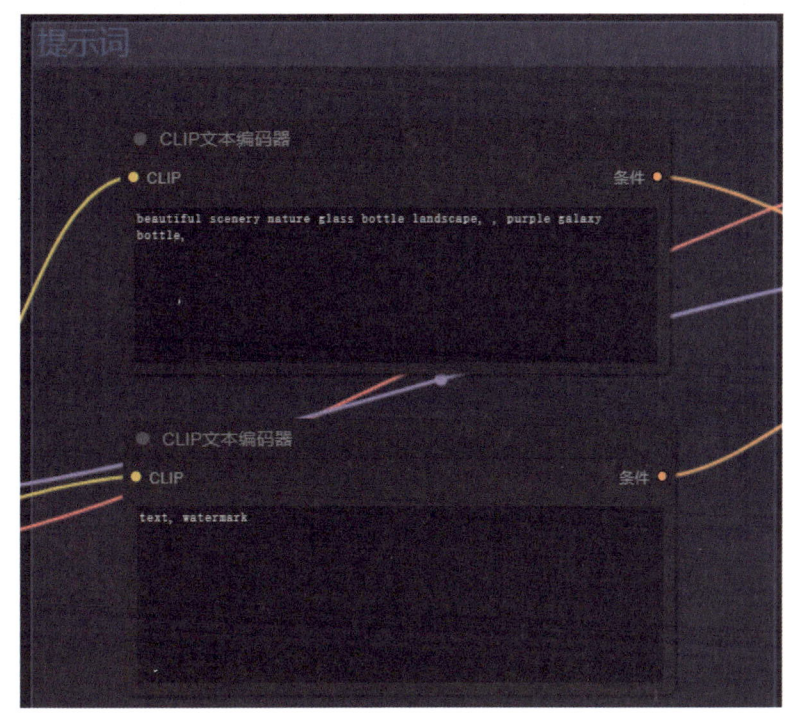

图 2-26 分组的联动

04 在分组上右击,会弹出分组的管理命令,可以对整个组进行缩放、选择、停用、忽略等操作,如图2-27所示。在工作流中,组的分块显示了使得各个板块更加清晰,突出显示了每个组的功能,如图2-28所示。我们常常使用组来划分复杂工作流中的不同区域和功能。

图 2-27 对分组的操作

57

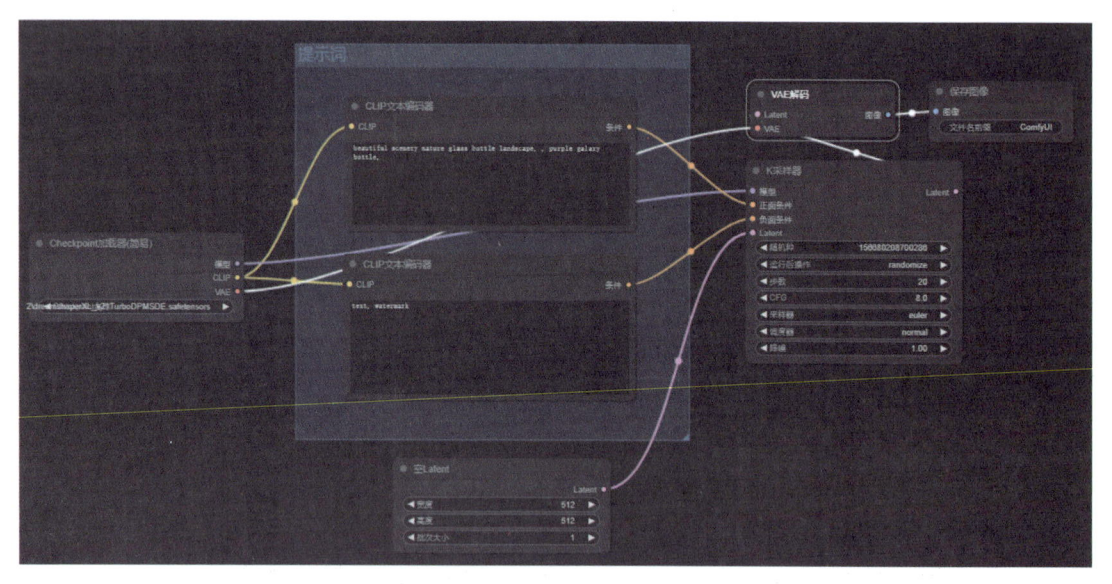

图 2-28 组在工作流中的显示

05 在组区域右击，在弹出的快捷菜单中选择"编辑组"，可以对组进行各种操作，如更改颜色、标题和移除等，如图2-29所示。

图 2-29 组的编辑

2）对齐到左侧和对齐到右侧

选择这两个选项使节点排列整齐，更加美观。

2 在节点上右击

选择节点后右击弹出的快捷菜单与在空白处右击弹出的快捷菜单有所不同。选择节点后右击会弹出节点操作选项菜单，如图 2-30 所示。

该菜单用于显示和修改节点的属性，如标题、模式、颜色、形状等。我们可以通过此菜单对节点进行折叠、固定、修改颜色、复制、克隆等操作。

如果要暂时忽略某节点，可以选择"忽略节点"选项，该节点就会变成紫色，暂时不起作用。再次单击"忽略节点"可重新启用该节点。

图 2-30 右击节点后弹出的快捷菜单

比较重要的是"转换为输入"选项，该选项可以将节点从内容输入方式切换为输入输出接口方式。例如，选择"CLIP 文本编码器"，再右击，在弹出的快捷菜单中选择"转换为输入"选项，该 CLIP 文本编码器就会变成接口方式的 CLIP 文本编码器，如图 2-31 所示。

图 2-31 "转换为输入"选项

有了这个连接口，我们就可以将它和其他节点连接。例如，创建一个"预设文本"节点，将它连接到 CLIP 文本编码器接口，就可以把提示词预设关联进来，如图 2-32 所示。

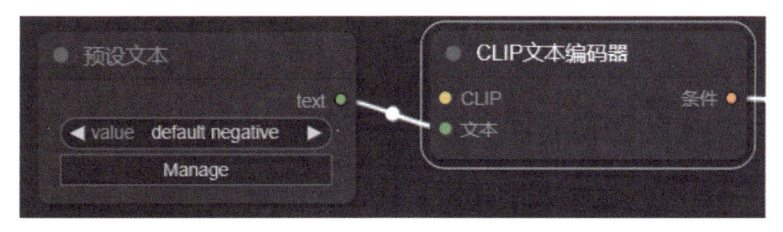

图 2-32 预设文本

右击"CLIP 文本编码器"节点，通过"转换为组件"和"转换文本为组件"选项，可以返回到原来的面板。

2.9 常见错误的解决

在使用 ComfyUI 时，一些常见的错误及其解决方法如下：

1 节点缺失

在使用 ComfyUI 时，常见的问题之一是节点显示为红色，表示节点缺失，影响工作流的正常运行，如图 2-33 所示。

图 2-33 节点缺失

选择"管理器"，使用"安装缺失节点"功能，通常可以解决节点缺失的问题，如图 2-34 所示。

2 版本错误

使用 ComfyUI 时，经常出现版本错误的问题。建议把 ComfyUI 和扩展都升级到最新版本。如果问题仍未解决，可以适当降低扩展版本。

3 模型缺失

在安装扩展时，请访问 GitHub 页面，仔细阅读作者的说明文档，并按照要求进行安装。如果遇到其他问题，如内存溢出、插件安装错误、依赖包错误等，建议查看官方文档或社区论坛，以获取更多帮助。

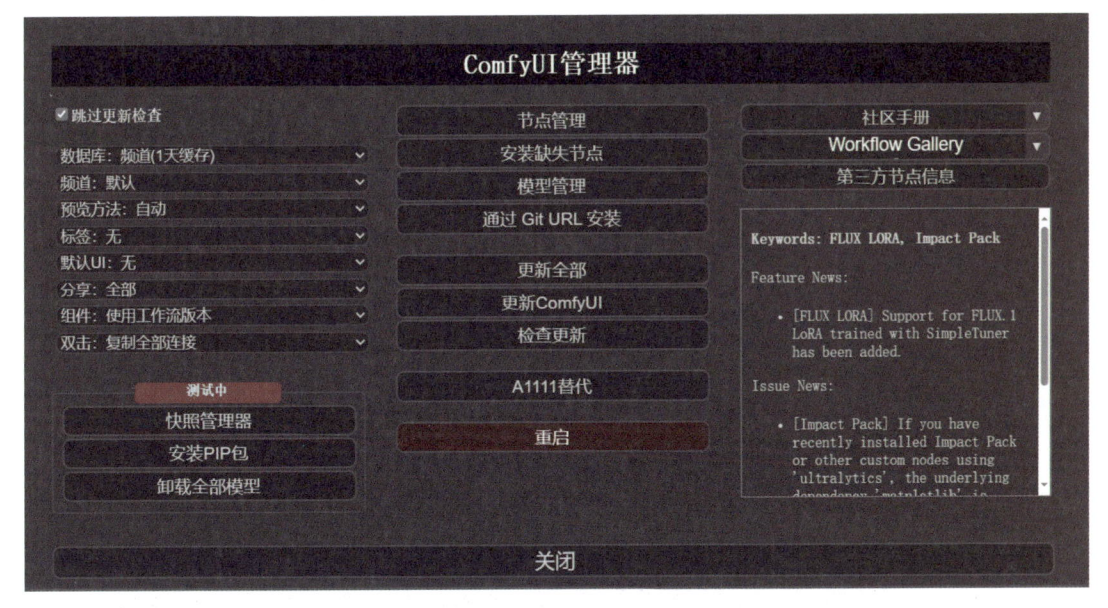

图 2-34 安装缺失节点

2.10 ComfyUI 新界面

ComfyUI 在 2024 年 8 月做了重大更新，与原界面有较大差异，主要体现在操作面板和搜索功能上。

1 操作面板的变化

新界面没有操作面板，取而代之的是纵向的工具行和横向的工具栏。如图 2-35 所示为新版本的工具行。

图 2-35 新界面的工具行

各项说明如下：

- ![icon] （显示队列）：用于查看当前正在处理的任务以及等待处理的任务列表。这有助于掌握整个工作流程的状态，清楚哪些任务已经在进行中，哪些还在排队等待。
- ![icon] （节点库）：包含了各种不同类型的节点。
- ![icon] （管理节点组）：用于显示当前工作流的节点。
- ![icon] （主题切换）：用于切换浅色主题和深色主题。
- ![icon] （设置）：弹出设置面板，该版本面板有较大的更新，参数做了科学分类，如图2-36所示。

图 2-36 设置面板

图2-37所示为新版本的工具栏，这些工具虽然显示在不同位置上，但与原操作面板的功能基本一致。

图 2-37 工具栏

2 搜索功能的变化

新版本第二个比较大的更新，体现在搜索功能的变化上。

在视图空白区域双击，弹出搜索节点面板，输入关键词搜索节点，鼠标指针移动到节点上时会出现预览，如图2-38所示。

图 2-38 预览节点

很多用户不适应新版本界面,如果想改回旧版本界面,选择"设置"进入"菜单"选项,把"使用新版菜单"改成"禁用",就会恢复成旧版本界面,如图 2-39 所示。

图 2-39 菜单设置

2.11 思考与练习

1. 思考题:ComfyUI 的优点和缺点有哪些?

2. 思考题:ComfyUI 管理器有什么功能?

3. 上机内容:导入默认工作流,进行视图的缩放和平移操作;对节点进行复制、粘贴和分组等操作。

第 3 章 ComfyUI 常用工作流

AI 绘画：
Stable Diffusion ComfyUI!
的艺术

本章概述

本章介绍 ComfyUI 的常用工作流，包括文生图、图生图、LoRA、ControlNet 和 IP Adapter 的基础应用。

本章重点

- 掌握 ComfyUI 的常用工作流

ComfyUI 的功能完善，通过工作流的方式，允许用户定制和自动化图像生成过程，具有高度的可定制性，并能够实现创作方法的传播和复现。

3.1 文生图

文生图是通过文字（文本）生成图像的过程，是人工智能绘画领域中常用的技术之一，特别是在自然语言处理（NLP）和计算机视觉的交叉应用中。这项技术通常依赖深度学习模型，能够理解文本描述并将它转换为视觉内容。

ComfyUI 文生图的框架示意图如图 3-1 所示。

第 3 章 ComfyUI常用工作流

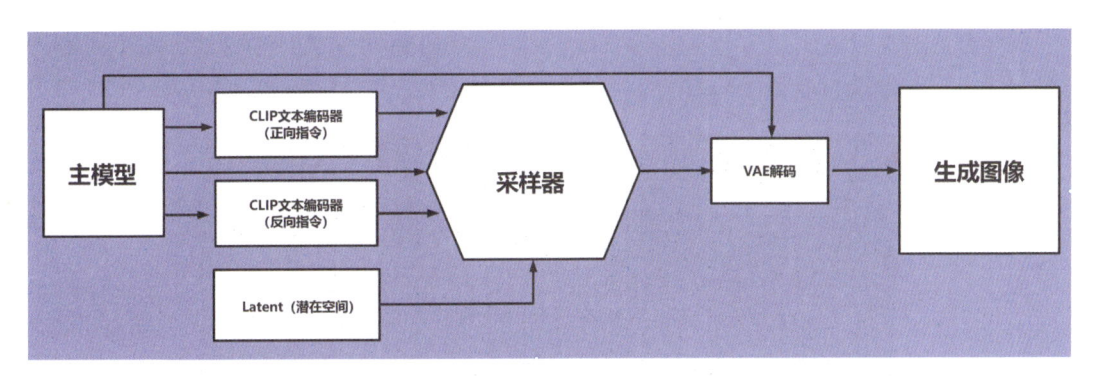

图 3-1 文生图的框架

在 ComfyUI 中对应运行的工作流如图 3-2 所示。

图 3-2 文生图的工作流

下面通过手动创建一个工作流来介绍节点的创建与编辑。

01 首先，在界面右侧的操作面板中选择"清除"以清空视图，然后在视图上双击，弹出搜索面板，输入"加载器"（见图3-3），选择"Checkpoint加载器（简易）"节点，即可在视图上创建该节点。

图 3-3 搜索加载器

65

另一种创建节点的方法是使用快捷菜单。右击视图，在弹出的快捷菜单中依次选择"新建节点"→"加载器"→"Checkpoint 加载器（简易）"，如图 3-4 所示。

图 3-4 使用快捷菜单创建节点

创建的"Checkpoint 加载器（简易）"节点如图 3-5 所示。

图 3-5 Checkpoint 加载器（简易）节点

"Checkpoint 加载器（简易）"节点用于选择大模型。单击"Checkpoint 名称"后会显示可用的模型列表。主要的参数包括：

- 模型：用于潜在空间的噪声预测模型。主要连接到采样器，在此完成逆向扩散过程。
- CLIP：语言模型，负责对正面和负面提示词进行预处理。主要连接到提示词节点，因为提示词在经过 CLIP 模型的处理后才有效。
- VAE：用于在像素空间和潜在空间之间转换图像。连接到 VAE 解码器，将图像从潜在空间转换为像素空间。

本案例采用的主模型是 RealDream SDXL，这是一个经过优化的优秀模型，如图 3-6 所示。

下载网址为 https://civitai.com/models/153568。

图 3-6 RealDream SDXL 模型

02 第二个节点的创建尝试使用另一种方法，从"Checkpoint加载器（简易）"节点右侧的CLIP连接点拉出连线，这样会产生与CLIP关联的节点。选择"CLIP文本编码器"即可完成第二个节点的创建，如图3-7所示。

图 3-7 创建"CLIP 文本编码器"节点

"CLIP 文本编码器"节点用于获取正面和负面提示词并将它们输入 CLIP 语言模型中。

67

CLIP是OpenAI的语言模型,可以将提示词中的每个单词转换为AI能理解的语言表达形式(即embeddings),如图3-8所示。

图3-8 输入正面提示词

SDXL 提示词:cinematic, (masterpiece), (best quality), (ultra-detailed), very aesthetic, illustration, perfect composition, intricate details, absurdres, (anime, masterpiece, intricate:1.3), (best quality, hires textures, high detail:1.2), (4K),(incredibly detailed:1.4), hot spring, mist, rocks, Peony, glittery mist, moonlight, sky, lots of stars in the sky, water reflections of the night sky, lotus floating on water with candle, flower petals in the water, moon in the sky, Anime art style.

对应的含义:电影级的,(杰作),(最高品质),(超详细的),非常有美感的,插图,完美的构图,精细的细节,荒诞的场景,(动画杰作,精细:1.3),(最高品质,高清纹理,高细节:1.2),(4K),(极其详细:1.4),温泉,雾气,岩石,牡丹,闪闪发光的雾气,月光,天空,天空中有许多星星,夜空中水的倒影,莲花漂浮在水面上,蜡烛,水中的花瓣,天空中的月亮,动漫艺术风格。

> **备注** 本例中使用了"()"符号(注意是半角括号),这是一个权重符号,表示权重的1.1倍。如果手动输入数字如"(:1.5)",则表示权重的1.5倍。这是SD1.5和SDXL模型的提示词格式,对Kolors或Flux模型无效。

03 按住键盘上的Alt键,用鼠标拖动CLIP文本编码器节点,这样可以复制CLIP文本编码器节点。将复制的节点用作负面提示词,并在文本框内更改提示词,如图3-9所示。

第 3 章 ComfyUI常用工作流

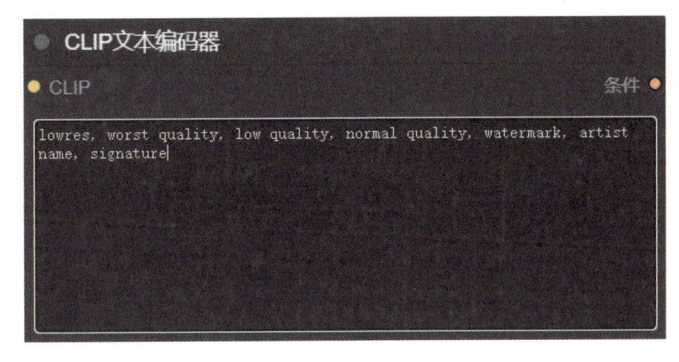

图 3-9 输入负面提示词

SDXL 提 示 词：lowres, worst quality, low quality, normal quality, watermark, artist name, signature.

对应的含义：低分辨率，最差的质量，低质量，正常质量，水印，艺术家姓名，签名。

> **备注** 负面提示词经常使用通用模板，在后面的案例中，我们将默认使用这些负面提示词，而无须额外说明。

04 从"Checkpoint加载器（简易）"节点中的CLIP黄色圆点（输出端）上拉出一根线条，将它连接到"CLIP文本编码器"节点的CLIP输入端。这样，两个节点就建立了连接，如图3-10所示。其他节点的连接方式与之类似。

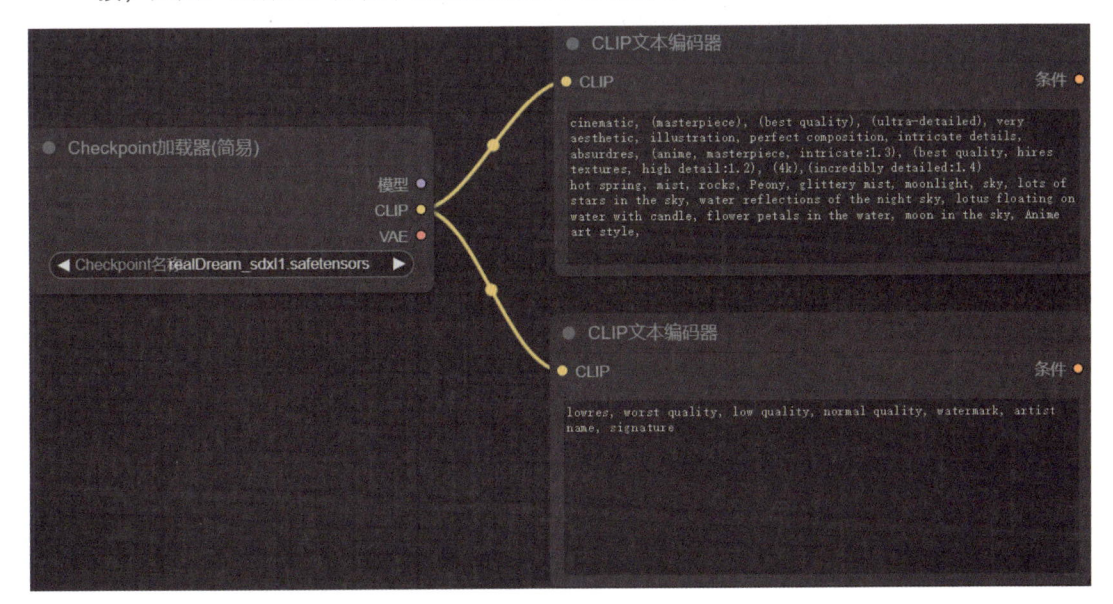

图 3-10 节点连线

05 创建"空Latent"节点，如图3-11所示。

图 3-11 空 Latent 节点

"空Latent"节点用于设置潜在空间图像的像素大小和批次大小。使用SDXL模型时，默认将宽高设置为1024×1024像素。

Latent通常指潜在空间或隐空间（latent space）。这是一个数学空间，其中的点代表了图像的潜在空间（或编码形式）。这些点不是直接可见的图像，而是通过某种编码方式转换成数值表示。在生成图像的过程中，这些潜在空间中的点会被解码或映射回像素空间，从而形成我们可以看到的图像。

06 创建"K采样器"节点。该节点是 Stable Diffusion 中图像生成的核心。采样器对随机图像进行逐步降噪，以生成与提示词相匹配的图像。采样器的选择直接影响图像生成的速度、质量和多样性。"K采样器"节点如图3-12所示。

图 3-12 "K 采样器"节点

"K 采样器"节点主要有以下参数：

- 随机种子：随机种子值控制生成图像的初始噪声，从而影响最终图像的生成。使用相同的种子可以确保生成的图像一致。
- 运行后操作：定义每次生成图像后种子值将如何变化。选项包括：
  - 固定：保持种子值不变。
  - 增量：种子值每次增加 1。
  - 减量：种子值每次减少 1。
  - 随机：种子值每次生成随机的图像。
- 步数：采样步骤的数量。步数越多，图像细节越丰富，但生成速度也会越慢。
- CFG：CFG（Classifier Free Guidance，无分类器引导）控制生成图像与提示词的匹配程度。CFG 值越高，图像与提示词的相关性越强。
- 采样器：选择适合需求的采样器类型。比较常用的采样器有：
  - Euler：默认采样器，适用于大多数场景。
  - Euler a（Euler Ancestral）：与 Euler 类似，但具有更高的随机性，能在较少的采样步数中产生较大的变化。
  - Heun：是 Euler 的改进版，提供更高的准确性，但生成速度较慢。
  - DDIM：快速的采样方法，可能需要更多的采样步数来达到良好效果，适合迭代绘制时使用。
  - LMS：基于多步采样的方法，通过平均过去的几个步骤来提高准确性。
  - DPM2：改进的 DPM，通过每一步进行两次降噪来减少所需的采样步数，以获得高质量的图像。
  - UniPC：快速且效果良好的采样器，特别适合平面和卡通风格的图像生成。
  - DPM++ 2M：一种强大的采样器，适合需要平衡速度和质量的场景。
  - DPM++ SDE：基于随机微分方程的采样方法，使用了祖先采样，适用于追求高质量图像的场景。

  每种采样器都有其特定的应用场景和效果，用户可以根据需求和偏好选择最合适的采样器。通常情况下，如果需要快速生成图像，可以选择 Euler 或 Heun；如果需要高质量图像，可以选择 DPM++ 2M 或 DPM++SDE；如果需要每次都生成不同图像，可以选择带有随机性的 Euler a 和 DPM2 a。不同模型的采样效果有所不同，需要根据官方推荐不断调试。
- 调度器：控制噪声水平在每个步骤中的变化。调度器通常根据预定的噪声计划来决定每一步减少多少噪声，从而影响最终图像的清晰度和细节。常用的调度器类型包括：
  - Normal：传统的调度器，它以均匀的方式减少噪声，但效果一般。

- Karras：采用 Karras 噪声计划的调度器，在采样结束阶段减小噪声步长，有助于提高图像质量。
- Exponential：这种调度器迅速去除大部分噪声，然后进行精修，适合在低步数时快速完善图像，而在高步数时则可以精修图像。
- SGM Uniform：随机梯度马尔可夫均匀算法，由于增加了 SGM，其效果通常优于简单的 Uniform 方法。
- Simple：最基本的调度器，没有复杂的噪声减少策略，但在某些情况下可能足够用。
- DDIM Uniform：早期为扩散模型设计的调度器，去除了马尔可夫条件的限制，提高了推理速度。
- Beta：使用特定 beta 分布控制噪声减少过程的调度器。每种调度器都有其特定的应用场景和效果，用户可以根据自己的需求和偏好选择最合适的调度器。

● 降噪：定义降噪过程应消除的初始噪声百分比，值为 1 表示完全消除噪声。

07 创建"VAE解码"节点，如图3-13所示。

图 3-13 "VAE 解码"节点

"VAE解码"节点使用提供的VAE将潜在空间的图像解码回（即转换回）像素空间的图像。

08 创建"保存图像"节点，如图3-14所示。

图 3-14 "保存图像"节点

"保存图像"节点用于将生成的图像保存到磁盘中。

节点串联技巧：

- 一般情况下，入点和出点会有相同的颜色和类似的名称。
- 通常，出点位于节点右侧，入点位于节点左侧。

- 模型、Latent、VAE、CLIP、图像等节点之间需要进行连接。
- 如果连线出现问题，单击"添加提示词队列"后，会弹出出错对话框，并标记出入点的位置。

本例生成的图像如图 3-15 所示。

图 3-15 月夜

3.2 图生图

图生图俗称"垫图"，是一种人工智能技术，它将一幅输入图像转换为另一幅具有特定属性或内容的输出图像。这种技术通常用于图像编辑、图像风格转换、图像修复、图像上色、图像超分辨率等应用场景。

图生图的框架示意图如图 3-16 所示。

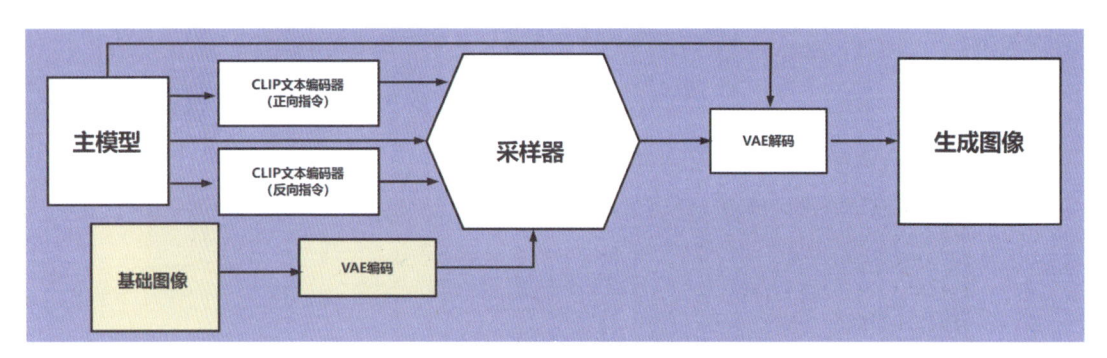

图 3-16 图生图的框架

下面主要介绍图生图的两个功能：图生图和局部重绘。

1 图生图

在 ComfyUI 中，图生图运行的工作流如图 3-17 所示。

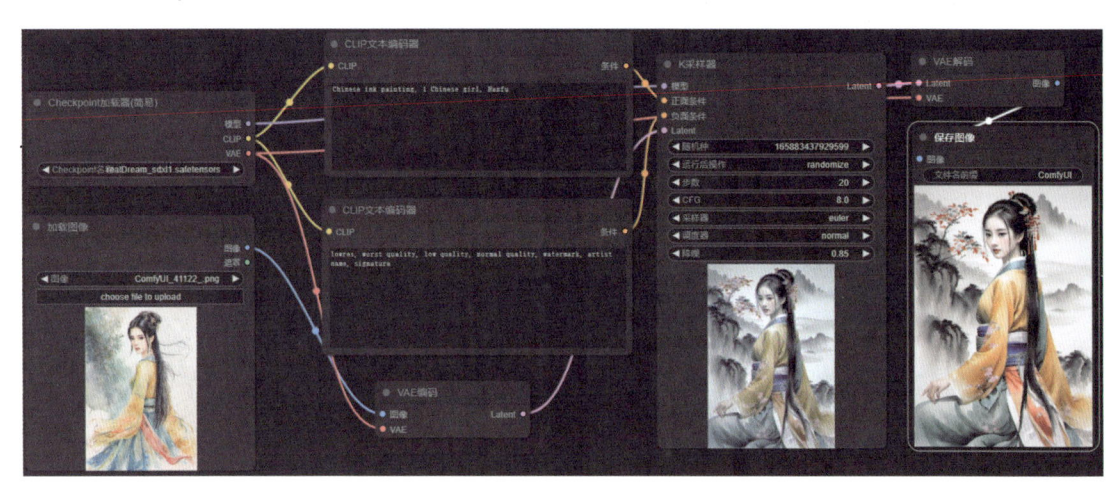

图 3-17 图生图的工作流

与文生图工作流相比，图生图工作流主要增加了两个节点："VAE 编码"和"加载图像"。下面通过一个案例来介绍图生图。

01 在ComfyUI操作面板上，选择"加载默认"，导入默认工作流，并删除"空Latent"节点，如图3-18所示。

02 从"K采样器"节点的"Latent"接口拉出连线，创建"VAE编码"节点，如图3-19所示。

第 3 章 ComfyUI常用工作流

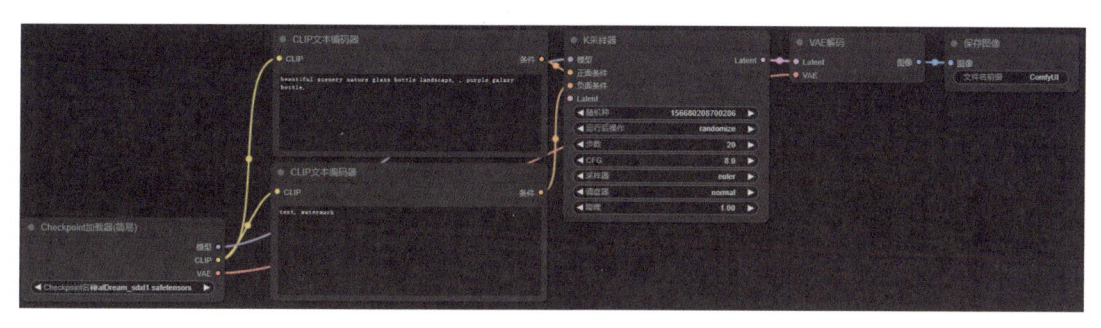

图 3-18 默认的工作流

图 3-19 "VAE 编码"节点

VAE编码将像素空间图像编码成潜在空间图像，这与VAE解码相反。

03 从"VAE编码"节点的"图像"接口拉出连线，创建"加载图像"节点，并上传图像，如图3-20所示。

04 把"VAE编码"节点的"VAE"接口和"Checkpoint加载器（简易）"节点的"VAE"接口相连。这样工作流就创建完毕。

在"K采样器"中，"降噪"参数非常重要：参数值越大，提示词的作用越明显；参数值越小，基础图像的作用越大。建议将它设置为 0.85，如图 3-21 所示。

图 3-20 "加载图像"节点

图 3-21 "降噪"设置

75

原素材图和最终生成效果如图 3-22 所示。

图 3-22 图生图的效果

SDXL 提示词：Chinese ink painting, 1 Chinese girl, Hanfu.

对应的含义：中国水墨画，一个中国女孩，汉服。

2 局部重绘

该功能创建一个局部重绘的工作流，使用遮罩来指定需要重绘的区域。加载图像后，右击"加载图像"节点，打开遮罩编辑器，绘制需要重绘的区域，然后使用"VAE 内补编码器"进行局部重绘。这种方法可以在不改变图像其他部分的情况下，仅对特定区域进行细节上的修改，常用于修整脸部或手部。下面通过一个案例来介绍局部重绘。

01 首先，使用文生图生成一幅图像，然后导入默认工作流，模型使用 RealDream，分辨率设置为 1024×1408 像素。

SDXL 提示词：A Tibetan herdsman waves.

对应的含义：一位藏族牧民挥手致意。

文生图的工作流如图 3-23 所示。

图 3-23 文生图的工作流

我们生成了一个人物，他的左手有六个手指，如图 3-24 所示，因此需要修改。

图 3-24 牧民

02 在文生图工作流中，删除"空Latent"节点，并导入"VAE内补编码器"节点，如图3-25所示。

图 3-25 "VAE 内补编码器"节点

VAE内补编码器增加了"遮罩"选项。遮罩是一种图像技术，用于隐藏或显示图像的某些部分。"遮罩延展"参数控制图像边缘的过渡程度。

03 加载刚才生成的错误人物图像，右击图像，在弹出的快捷菜单中选择"在遮罩编辑器中打开"，如图3-26所示。

图 3-26 打开遮罩编辑器

04 在遮罩编辑器中涂抹错误的手部区域，该区域即为遮罩，如图3-27所示。

图 3-27 手部遮罩

遮罩编辑器上的参数Thickness表示画笔大小；Opacity表示遮罩的透明度；颜色默认是黑色，也可以更改为彩色。

05 在遮罩编辑器上单击"Save to node"按钮保存节点。

06 把对应的接口连接起来，如图3-28所示。

图 3-28 连接节点

07 把提示词更改为"hand","降噪"设置为0.85,生成图像。最终的结果如图3-29所示,手部已经修复完毕。

图 3-29 修复完毕的图像

最终的工作流如图 3-30 所示。

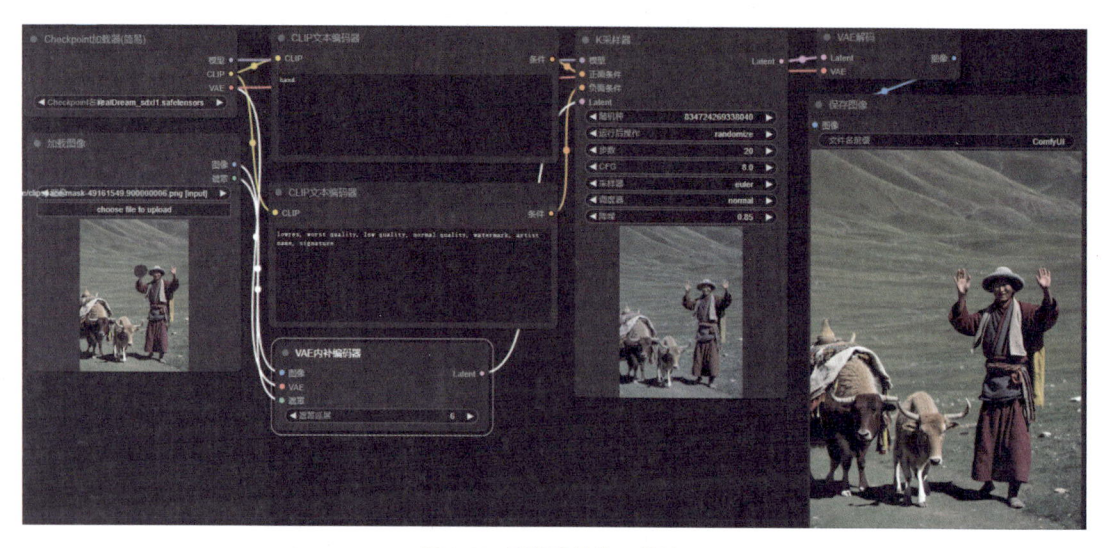

图 3-30 局部重绘的工作流

3.3 LoRA

LoRA（Low-Rank Adaptation of Neural Networks，神经网络的低秩适应）是一种用于微调（fine-tuning）大型神经网络模型的技术。这种技术通过在模型的权重矩阵中引入低秩结构来进行微调，而不是直接更新整个模型的权重，从而减少了所需的参数数量和计算资源。

在工作流中使用 LoRA 节点，主要是在主模型基础上插入一个 LoRA 微调模型，工作流示意图如图 3-31 所示。

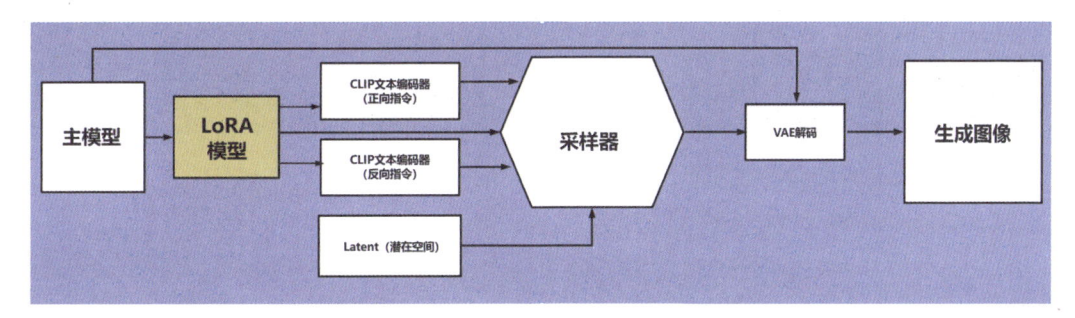

图 3-31 LoRA 工作流示意图

LoRA 工作流如图 3-32 所示。

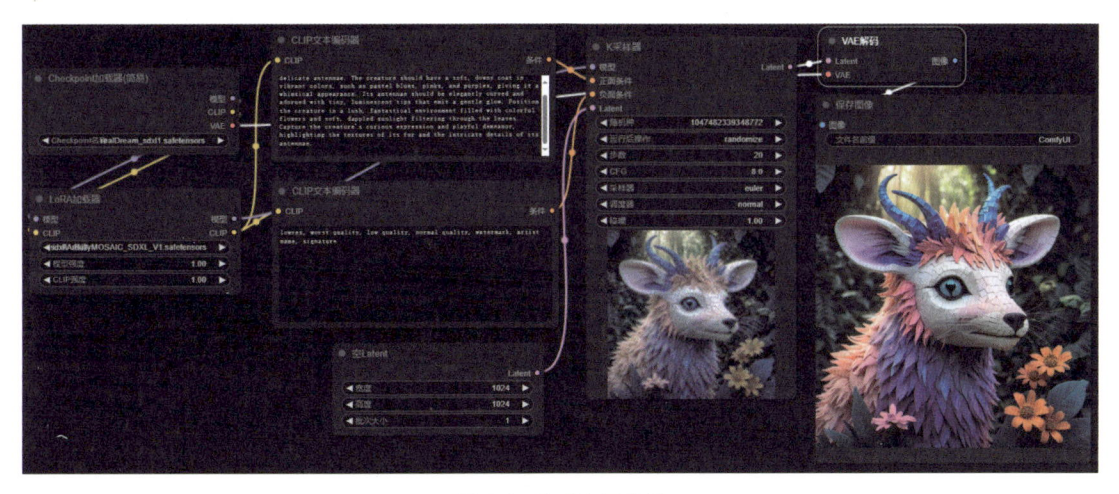

图 3-32 LoRA 工作流

下面通过一个案例来介绍 LoRA 工作流。

01 导入默认的文生图工作流，模型为 RealDream SDXL，分辨率设置为 1024×1024 像素。输入提示词后，文生图的工作流如图 3-33 所示。

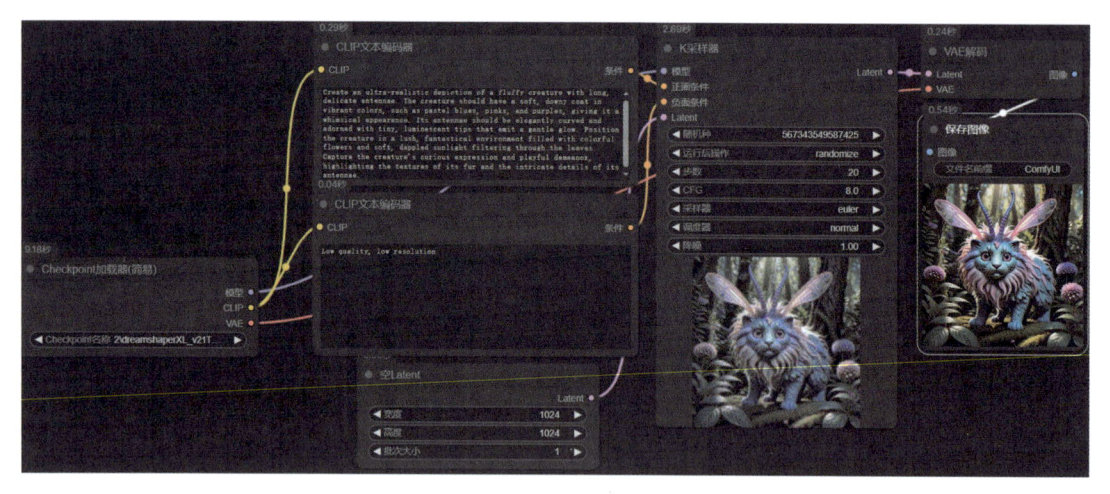

图 3-33 文生图的工作流

SDXL 提示词：Create an ultra-realistic depiction of a fluffy creature with long, delicate antennae. The creature should have a soft, downy coat in vibrant colors, such as pastel blues, pinks, and purples, giving it a whimsical appearance. Its antennae should be elegantly curved and adorned with tiny, luminescent tips that emit a gentle glow. Position the creature in a lush, fantastical environment filled with colorful flowers and soft, dappled sunlight filtering through the leaves. Capture the creature's curious expression and playful demeanor, highlighting the textures of its fur and the intricate details of its antennae.

对应的含义：创造一个超逼真的毛茸茸的生物，它有着长而精致的触角。这种生物应该有柔软的绒毛，颜色鲜艳，如柔和的蓝色、粉红色和紫色，给它一个异想天开的外观。它的触角应该优雅地弯曲，并装饰着微小的发光尖端，发出柔和的光芒。将生物放置在一个郁郁葱葱、奇幻的环境中，充满了五颜六色的花朵，柔和的、斑驳的阳光透过树叶。捕捉动物好奇的表情和顽皮的举止，突出其皮毛的纹理和触角的复杂细节。

02 导入"LoRA加载器"节点，并选择一个马赛克效果的LoRA模型，如图3-34所示。需要注意的是，如果主模型为SDXL，那么LoRA模型也必须是SDXL版本；如果主模型为SD1.5版本，则LoRA模型也应为SD1.5版本，其他模型也是如此。

图 3-34 LoRA 加载器

"模型强度"和"CLIP强度"参数指权重，参数值越大，LoRA效果越明显。

本案例采用的LoRA模型为Mosaic Art，发布网址为 https://civitai.com/models/574312，如图3-35所示。

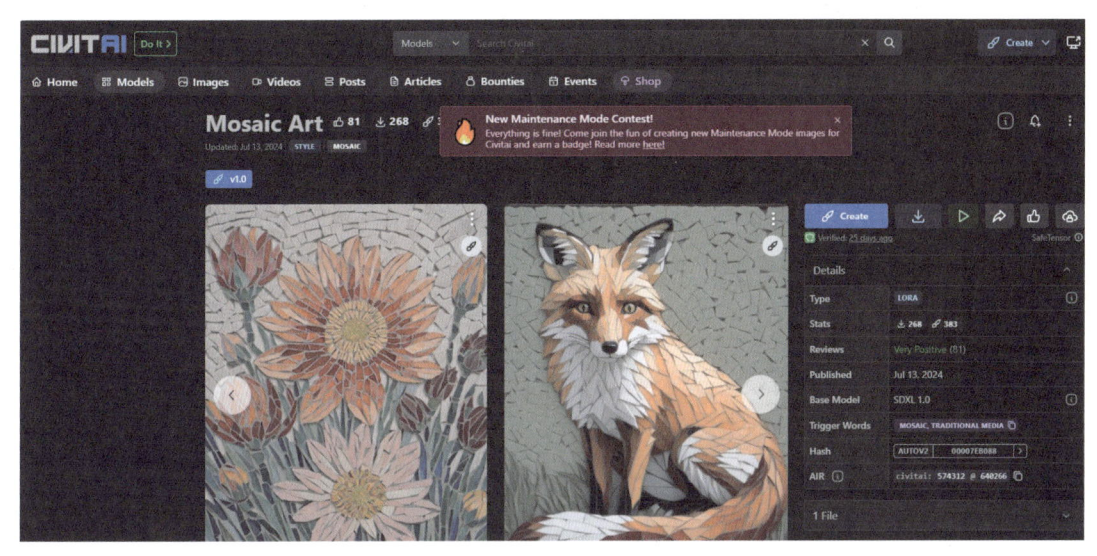

图3-35 Mosaic Art 模型

03 将"LoRA加载器"节点连接到主模型与提示词之间，如图3-36所示。

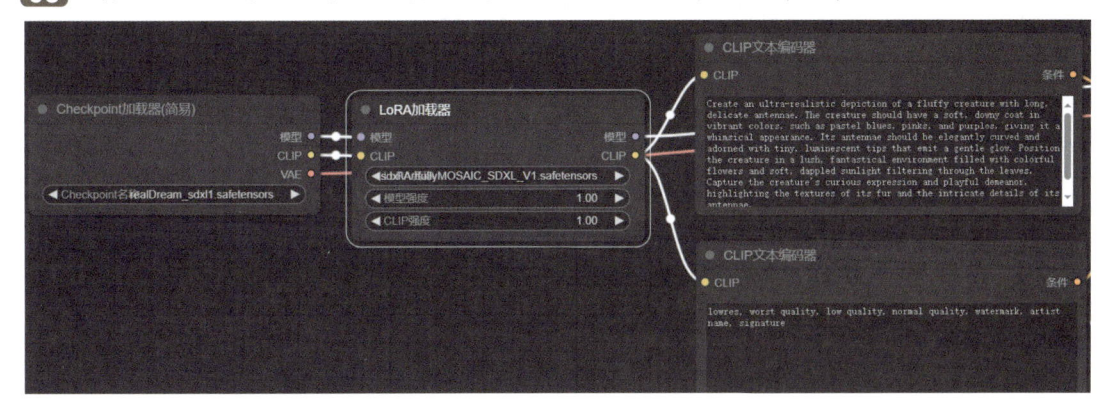

图3-36 连接节点

04 生成的图像效果如图3-37所示，产生了马赛克效果。

图 3-37 最终效果

05 在LoRA的具体应用中，可以串联多个LoRA，以产生叠加的微调效果。我们增加一个Midjourney mimic的LoRA节点。根据该微调模型作者的说明，权重不宜设置过大，因此把"模型强度"和"CLIP强度"设置为0.6，如图3-38所示。

图 3-38 Midjourney mimic 的节点

84

第 3 章 ComfyUI 常用工作流

Midjourney mimic 让 SDXL 模拟 Midjourney 图像风格，它的工作原理包括增加细节调整器（用于细节补充）、颜色增强器（增加对比度和亮度）以及 BG 深度改进器（增加背景深度）。在本例中，我们使用的是其 1.2 版本，如图 3-39 所示。2.0 版本也可以配合使用。该模型的下载网址为 https://civitai.com/models/251417。

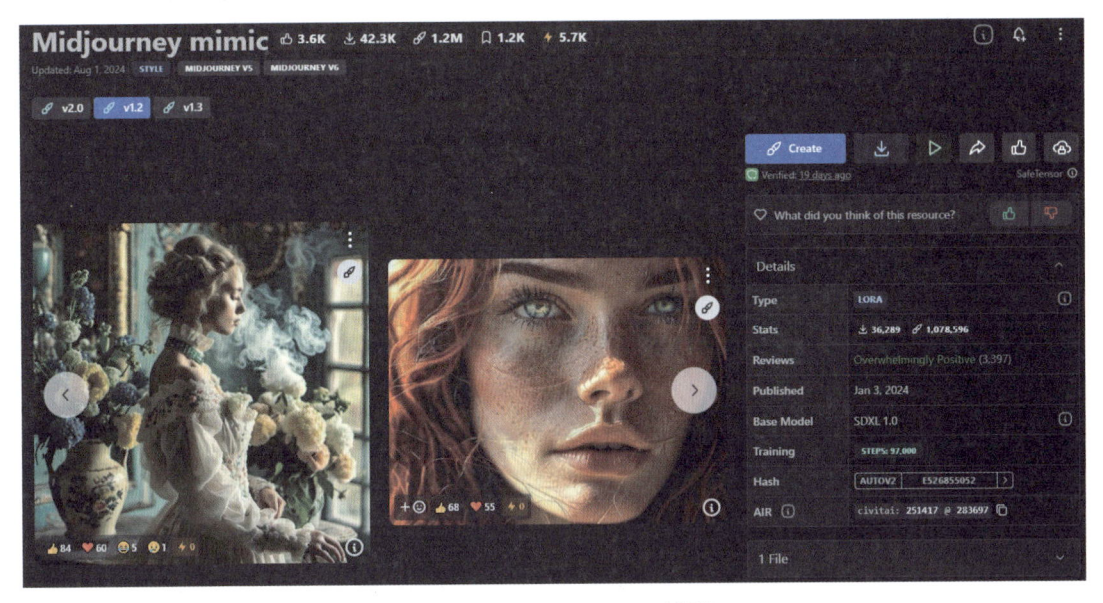

图 3-39 Midjourney mimic 模型

06 将两个LoRA节点串联，如图3-40所示。

图 3-40 串联 LoRA 节点

07 最终生成的图像效果如图3-41所示，图像同时具有Midjourney风格和马赛克效果。

图 3-41 双 LoRA 模型生成的图像

LoRA 模型在提高微调效率、生成高质量图像，以及适应多种生成任务方面具有巨大的作用。

3.4 ControlNet

ControlNet 是一种强大的工具，主要用于增强 Stable Diffusion 等预训练图像扩散模型的可控性。通过引入额外的条件输入，如姿势关键点、边缘图、深度图、分割图、法线图等，ControlNet 可以引导图像生成过程，从而生成更符合特定条件的图像。

ControlNet 的主要功能包括但不限于：

- 控制人物的姿势、表情和细节：Openpose 可以细致地控制人物的每一个动作和姿态，甚至是手指的骨骼，能够识别并复刻人物的面部表情和细微的手指动作。

- 线稿提取：使用 Lineart、Canny 等模型提取图像的线稿，并根据这些线稿生成新图像。
- 风格转换：通过模型如 Shuffle 和 Reference，可以将一幅图像上的风格或画风应用到另一幅图像上。
- 图像修复：例如使用 Inpainting 技术填充图像中的缺失部分或消除不需要的元素，对图像重绘过程进行控制，可以指定重绘的区域和风格。

下面以 Canny 为例来介绍 ControlNet 工作流，图 3-42 为 ControlNet 的工作流示意图。

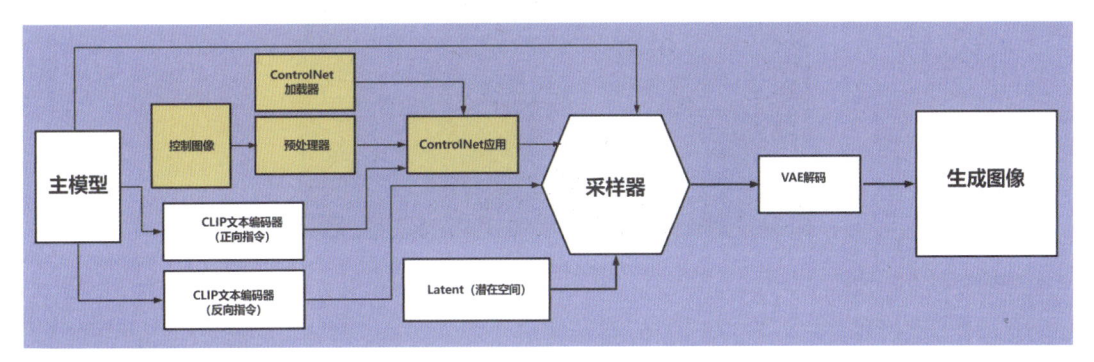

图 3-42 ControlNet 工作流示意图

工作流涉及的节点包括：

- ControlNet 应用：用于控制图像的权重强度，如图 3-43 所示。

图 3-43 "ControlNet 应用"节点

- ControlNet 加载器：用于加载控制方式和对应的模型，如图 3-44 所示。

图 3-44 "ControlNet 加载器"节点

- 加载预处理器。如果 ControlNet 不起作用，就可能需要增加预处理器节点。预处理器的功能是处理图像的细节，如轮廓、姿势、表情等。图 3-45 为 Openpose 姿态预处理器，它主要作用于 Openpose 模型。预处理器的类型与 ControlNet 加载器的类型匹配，例如 Lineart 艺术线预处理器通常与轮廓类的 Canny、Lineart、Softedge 匹配，而 DepthAnything 深度预处理器通常与 Depth 类型匹配。

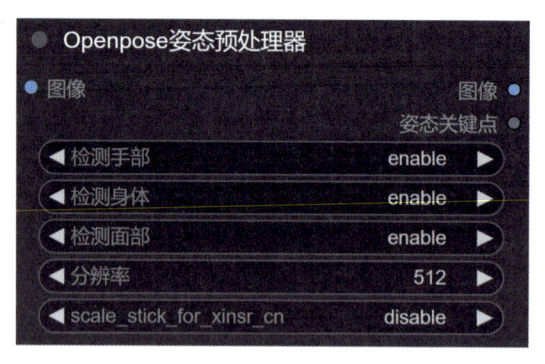

图 3-45 Openpose 姿态预处理器

在本例中，使用了 Xinsir 训练的 ControlNet 模型，模型下载网址为 https://huggingface.co/xinsir。

在发布页上，Xinsir 模型下载的类型如图 3-46 所示。

图 3-46 Xinsir 模型下载的各个类型

接下来，我们通过 Canny 轮廓控制一幅图像来介绍 ControlNet 的工作流。

01 导入预设工作流，模型为RealDream，分辨率设置为1024×1024像素，输入提示词，文生图工作流如图3-47所示。

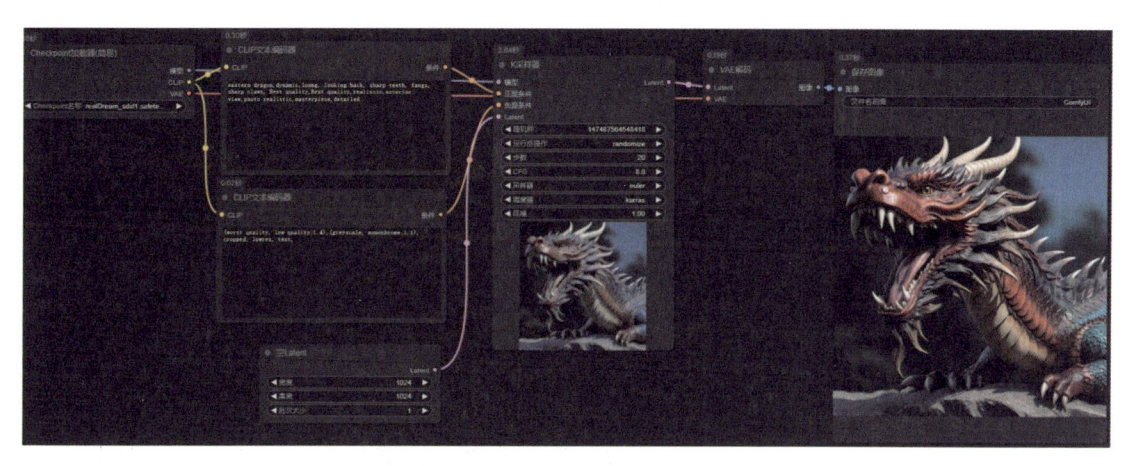

图 3-47 文生图的工作流

SDXL 提示词：Eastern dragon, dynamic, loong, looking back, sharp teeth, fangs, sharp claws, best quality, realistic, exterior view, photo realistic, masterpiece, detailed.

对应的含义：东方龙，有活力的，龙，回头看，锋利的牙齿，尖牙，锋利的爪子，最佳品质，逼真的，外观，照片般逼真，杰作，详细的。

02 创建"加载图像"节点，上传一幅龙的图像，如图3-48所示。

图 3-48 加载龙的图像

03 创建"ControlNet加载器"节点，选择"xinsir_controlnet-canny-sdxl_V2-fp8"模型。

04 创建"ControlNet应用"节点，并将三个节点连接在一起，如图3-49所示。

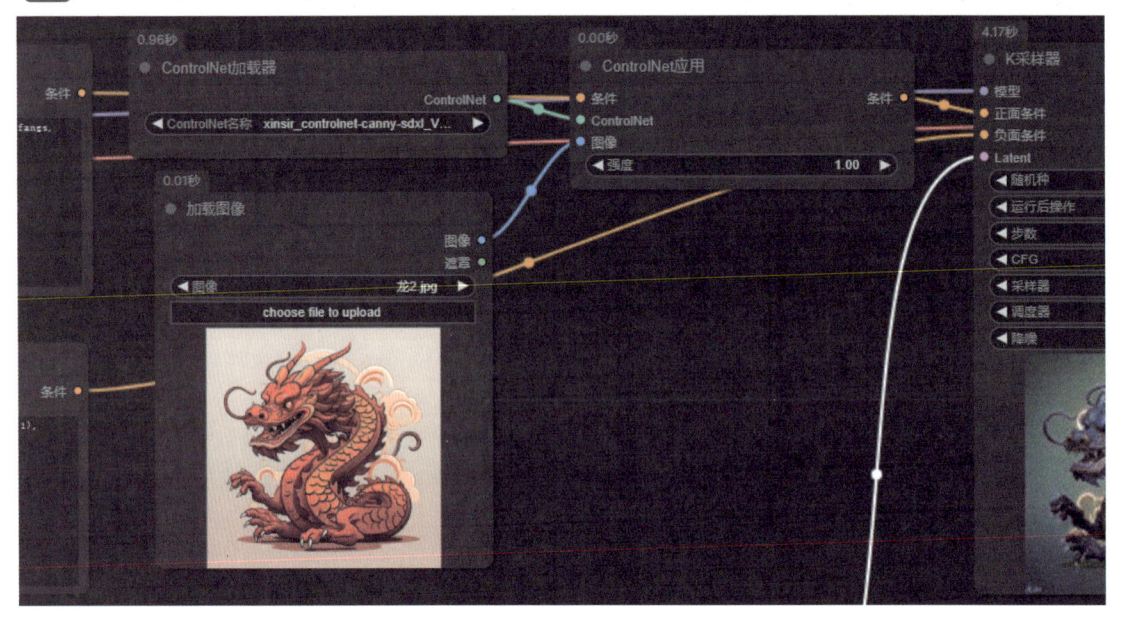

图 3-49 连接节点

05 最后的工作流如图3-50所示。ControlNet的节点位于"CLIP文本编码器"与"K采样器之间"。

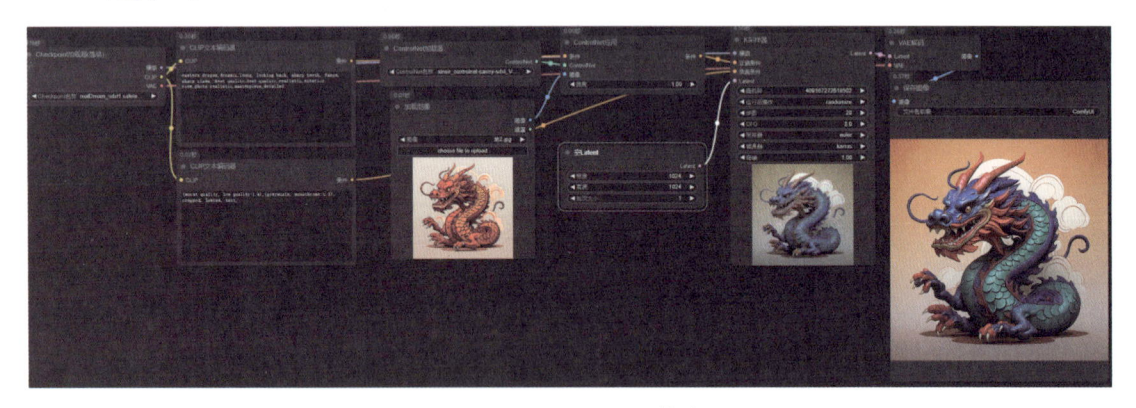

图 3-50 ControlNet 工作流

06 生成的图像效果如图3-51（右图）所示，生成的图像（右图）与素材图像（左图）的轮廓基本一致。

图 3-51 生成图像的效果

下面我们通过 Openpose 控制模型来介绍姿态的控制。

01 在上一个案例的工作流中,把龙的素材更改为一个小女孩的图像,如图3-52所示。

图 3-52 加载图像

02 增加预处理器节点。如果使用 Openpose 控制人物姿势,预处理器则需要选择"Openpose 姿态预处理器":在视图的空白区域中右击,在弹出的快捷菜单中依次选择"新建节点"→"ControlNet预处理器"→"线条"→"Openpose姿态预处理器",如图3-53所示。

图 3-53 创建 Openpose 姿态预处理器

Openpose 姿态预处理器的参数能够检测手部、身体和面部表情,如图 3-54 所示。

图 3-54 Openpose 姿态预处理器

03 ControlNet模型选择"xinsir_controlnet-openpose-sdxl-1-fp8",分辨率设置为768×1024像素,与小女孩素材设置一致。输入提示词。

SDXL 提示词:A Chinese woman in a red Hanfu.

对应的含义:一个穿红色汉服的中国女人。

04 将预处理器节点连接到"加载图像"与"ControlNet应用"之间,如图3-55所示。

图 3-55 连接节点

最终的工作流如图 3-56 所示。

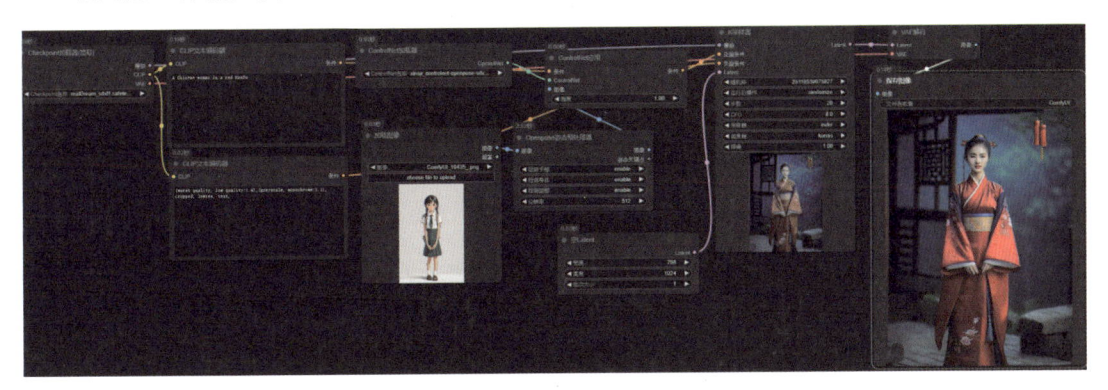

图 3-56 Openpose 工作流

05 生成的图像效果如图3-57（右图）所示。生成的图像（右图）与素材图像（左图）的动作基本一致。

图 3-57 生成图像的效果

ControlNet 的出现极大地提升了 AI 图像生成的可控性，使它不再只是一个玩具，而能够真正应用到实际工作中，如商业设计、艺术创作等领域。

3.5 IPAdapter

IPAdapter 的一个核心优势是，它不需要像 LoRA 那样进行复杂的模型训练过程，仅需一幅参考图像即可实现风格迁移，大大提升了工作效率。它支持多幅参考图的接入，能够提供更丰富的生成结果。它的使用不限于风格迁移，还可以进行人物固定、图像融合等多种操作。

IPAdapter 发布页的网址为 https://github.com/cubiq/ComfyUI_IPAdapter_plus。

在安装 IPAdapter 时，要严格按照网页说明进行操作，Clip 文件需要复制到 ComfyUI/models/clip_vision 目录下，下载的模型需根据 yaml 设置文件进行重命名；IPAdapter 模型则复制到 /ComfyUI/models/ipadapter 目录下。

IPAdapter 工作流示意图如图 3-58 所示。

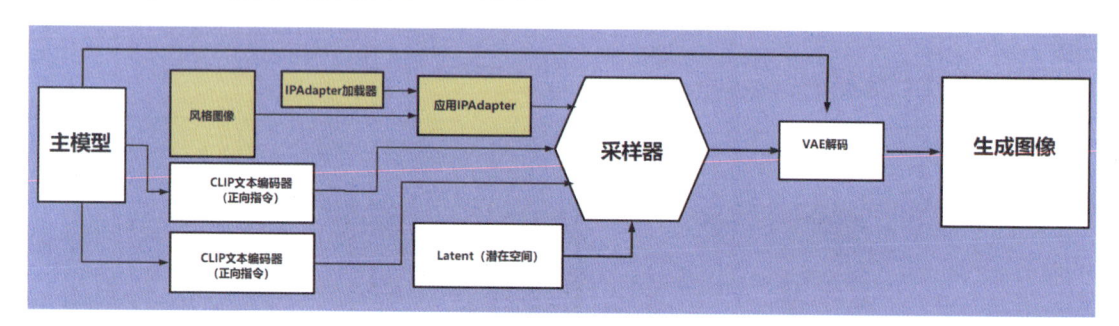

图 3-58 IPAdapter 工作流示意图

它主要涉及两个节点：

- 应用 IPAdapter：主要功能是设置权重，如图 3-59 所示。

图 3-59 "应用 IPAdapter"节点

- IPAdapter 加载器：用于设置模型的预设，有多个模型可供选择，如图 3-60 所示。需要到发布页下载对应的模型。

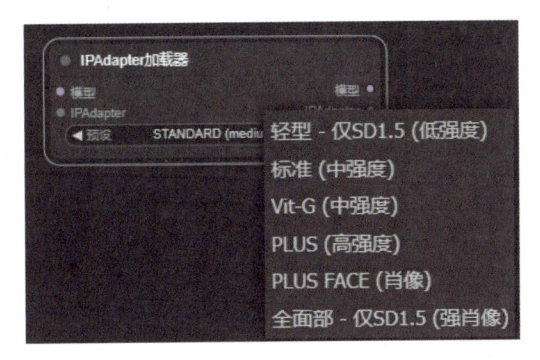

图 3-60 "IPAdapter 加载器"节点

下面通过一个案例来介绍 IPAdapter 工作流。

01 加载默认的文生图工作流，设置模型为 RealDream，分辨率为 768×1024 像素，输入提示词。

SDXL 提示词：1 ancient Chinese woman, dance, petals.

对应的含义：一个中国古代女子，舞蹈，花瓣。

文生图的工作流如图 3-61 所示，目前的图像没有风格效果。

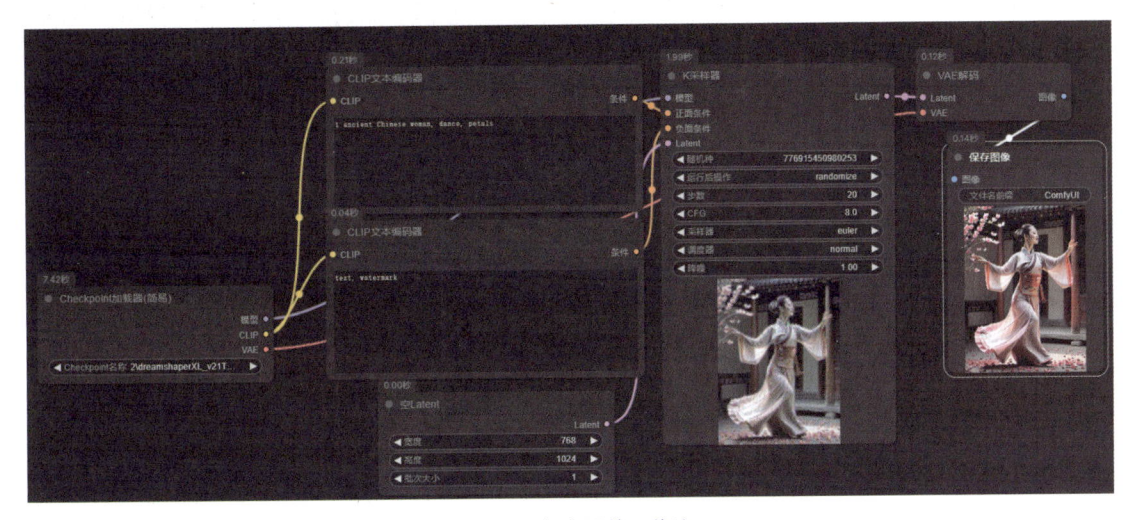

图 3-61 文生图的工作流

02 导入"IPAdapter 加载器"节点，"预设"选择"STANDARD (medium strength)"，如图3-62所示。

03 导入"加载图像"节点，上传一幅风格化图像，如图3-63所示。

04 创建"应用IPAdapter"节点，并与各个节点连接，形成工作流，如图3-64所示。

图 3-62　IPAdapter 加载器　　　　　　　　图 3-63　上传风格化图像

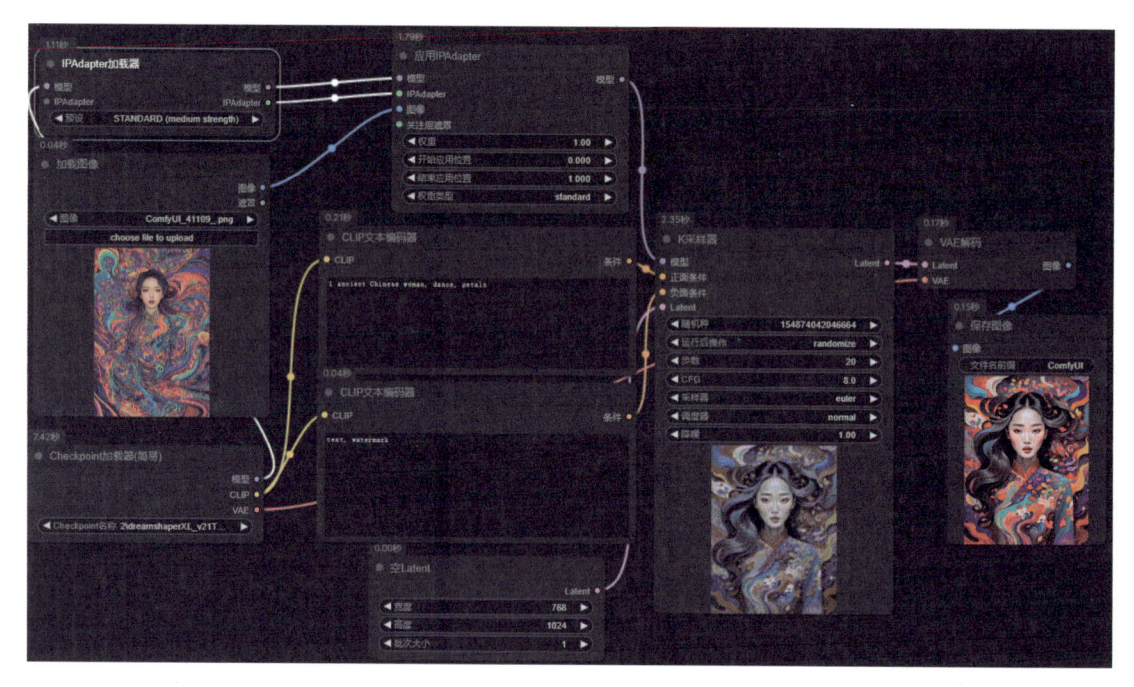

图 3-64　IPAdapter 工作流

05 生成的图像效果如图3-65所示（右图）所示。受到左图素材的影响，生成的图像（右图）呈现出了强烈的风格化。

图 3-65 生成的风格化效果

通过这个简单的工作流，我们体验了 IPAdapter 的强大功能，它在一定程度上替代了 LoRA 复杂的风格训练。IPAdapter 的功能不止风格化，它还可以控制人物的脸部外形、对多种图像进行融合等，用户可以自行尝试并体验它的功能。

3.6 思考与练习

1. 思考题：在图生图的工作流中，K 采样器的"降噪"参数有什么作用？
2. 上机内容：用局部重绘修改错误的手指。
3. 上机内容：用 IPAdapter 控制图像的风格。

第 4 章 ComfyUI 常用扩展

AI 绘画：
Stable Diffusion ComfyUI
的艺术

本章概述

本章将介绍 ComfyUI 的一些常用扩展插件，包括缩放图像、人物肖像处理、换脸等基础应用。

本章重点

- 掌握 ComfyUI 的 SD 放大和换脸扩展

ComfyUI 的扩展通常指为 ComfyUI 增加额外功能或改进现有功能的插件。这些扩展可以帮助用户更高效地使用 ComfyUI，实现更多样化的图像生成和编辑操作。

ComfyUI 的扩展对于提高用户体验和创作效率具有重要意义。它们不仅增强了 ComfyUI 的功能性，还可以帮助用户更轻松地实现特定的创作目标。

4.1 ComfyUI 管理器

这是一个核心扩展，用于管理 ComfyUI 的自定义节点，包括安装、删除、禁用和启用等操作。它还提供了一些便利功能，方便用户访问 ComfyUI 中的各种信息。秋叶启动器的许多功能也依赖于该管理器的功能。

用户可以通过单击操作面板上的"管理器"按钮，打开"ComfyUI 管理器"面板，如图 4-1 所示。

第 4 章 ComfyUI常用扩展

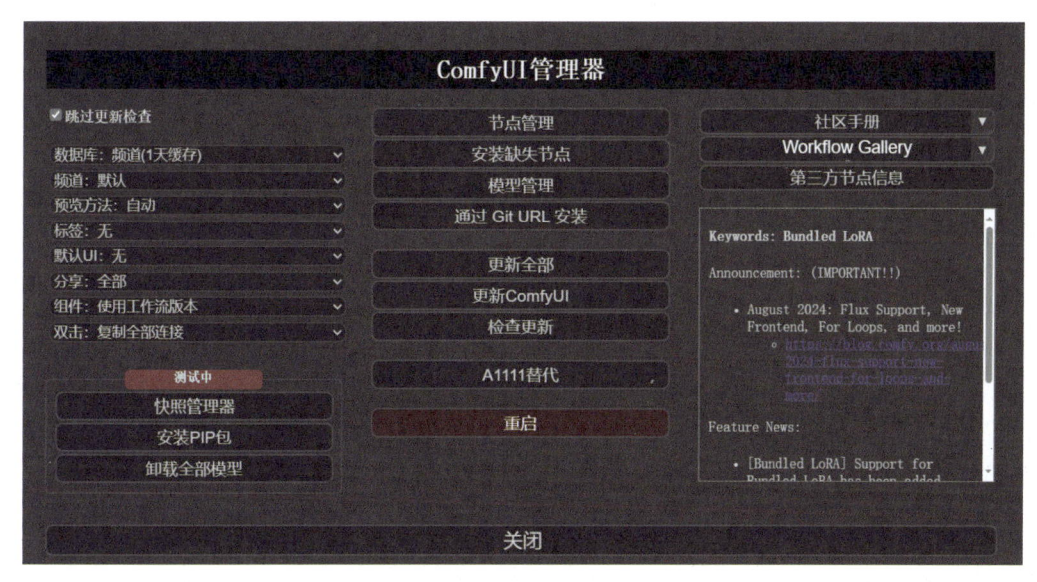

图 4-1 "ComfyUI 管理器"面板

面板中的常用功能说明如下：

- 节点管理：单击该按钮后会弹出节点管理面板，如图 4-2 所示。用户可以在该面板中对节点进行安装、删除、更新和停用等操作。

图 4-2 节点管理面板

- 安装缺失节点：该功能可以帮助用户识别并安装工作流中缺失的节点，这在加载其他人的工作流时特别有用。

99

- 模型管理：单击该按钮后会弹出模型管理面板，用于安装和管理各个扩展插件的模型。举例来说，搜索 IPAdapter 后，会显示使用该扩展所需安装的模型，如图 4-3 所示。这对于使用某些扩展很有帮助。

图 4-3 模型管理面板

- 更新全部：该功能会自动更新 ComfyUI 及其节点。
- 检查更新：该功能用于检索更新信息，用户可以通过单击"更新"按钮手动应用更新。

管理器汇集了大量的节点、模型和工作流信息，更新速度快，不断新增的功能是学习和使用 ComfyUI 的宝贵资源。

4.2 SD 放大

SD 放大是 ComfyUI 中的一个 UltimateSD Upscale 节点，主要用于图像放大。它可以将图像拆分成多个小块，并结合放大模型对每个块进行放大处理，从而在保持图像细节和质量的前提下放大图像。这对于那些初始生成尺寸较小，但需要更高分辨率以满足特定需求（如打印、制作大幅海报等）的图像非常有用。

图 4-4 展示了"SD 放大"节点，其中"放大系数"参数表示放大的倍数。由于放大过程中的计算会占用大量的计算机资源，因此系统加入了"分块"计算模式。我们在使用时，该节点的参数设置类似 K 采样器的设置，具体参考图 4-4。

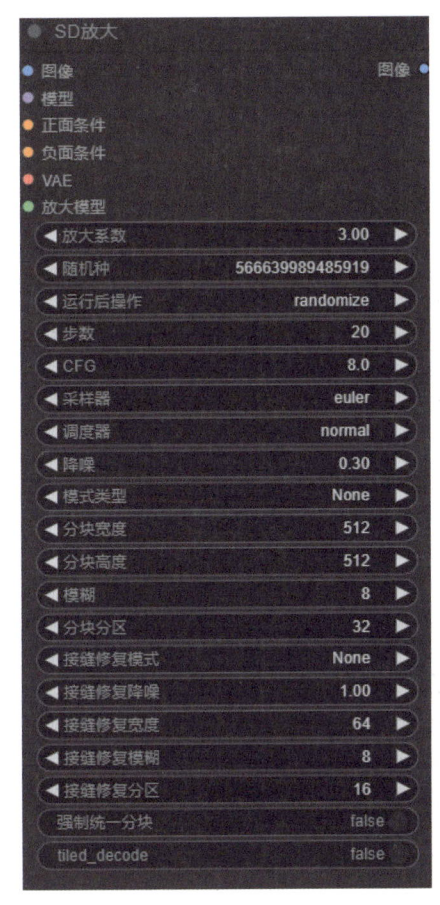

图4-4 "SD放大"节点

下面以一个案例来介绍"SD放大"节点。

01 加载默认工作流，模型使用RealDream，分辨率设置为768×1024像素，输入提示词。文生图的工作流如图4-5所示。

提 示 词：1 Chinese girl, high resolution, high detail, professional photography。

对应的含义：一个中国女孩，高分辨率，高细节，专业摄影。

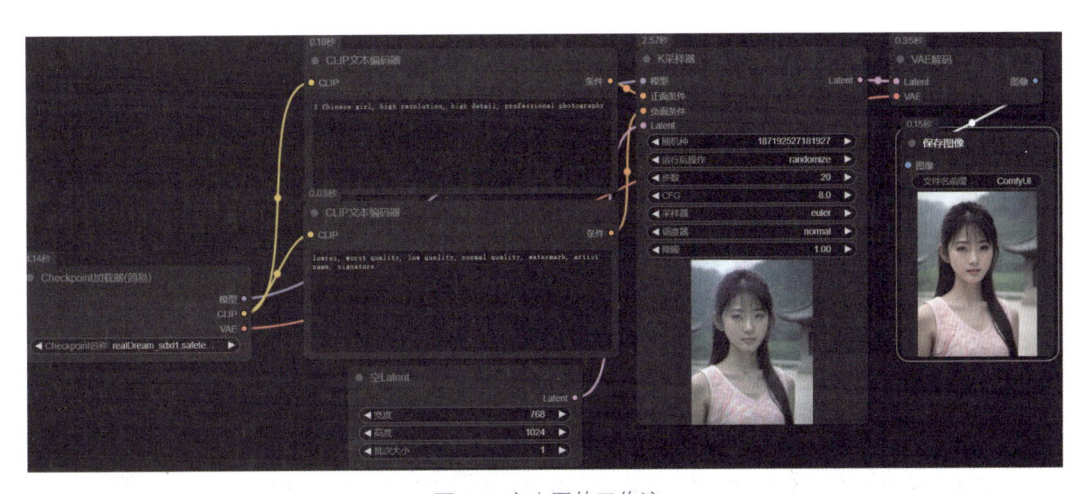

图4-5 文生图的工作流

02 创建"SD放大"节点,把"放大系数"参数更改为3,即放大3倍,如图4-6所示。

03 加载"放大模型加载器"节点,选择"4x_NMKD-Siax_200k.pth"模型,这是一个优秀的放大模型,如图4-7所示。

图 4-6 "SD 放大"节点　　　　　　　　图 4-7 加载放大模型

4x_NMKD-Siax_200k.pth 模型并不是 ComfyUI 自带的模型,需要额外下载。在 ComfyUI 管理器面板中单击"模型管理"按钮,然后在弹出的模型管理面板中搜索 NMKD,再下载,如图 4-8 所示。

图 4-8 在模型管理面板中搜索 NMKD

模型下载完毕后,将它复制至目录 ComfyUI\models\upscale_models。

04 连接各个对应接口,即可形成SD放大图像的工作流,如图4-9所示。

图 4-9 SD 放大图像的工作流

如果需要调整图像的精度，可以微调"降噪"参数。

4.3 肖像大师

"肖像大师"是一个快速生成人物肖像的扩展模块，属于人物肖像提示词生成模块。其中文版的发布页为 https://github.com/zho-zho-zho/ComfyUI-portrait-master-zh-cn。

"肖像大师"节点由一系列参数组合而成，如图 4-10 所示。

图 4-10 "肖像大师"节点

肖像大师不仅可以快捷地修改人物的性别、国籍、姿势、表情、脸型、发型等参数（通过"权重"来体现参数的强度），还可以设置皮肤细节和瑕疵，参数设置非常直观。

下面通过一个案例来介绍肖像大师。

01 载入默认工作流,选择dreamsharpXL-Turbo模型,如图4-11所示。该模型的网址为https://civitai.com/models/112902/dreamshaper-xl。这是一个蒸馏模型,其特点是渲染快速。

图4-11 加载模型

02 在K采样器中,设置"步数"为8,"CFG"为2,如图4-12所示。蒸馏模型能够在较低步数下生成高质量的画面。

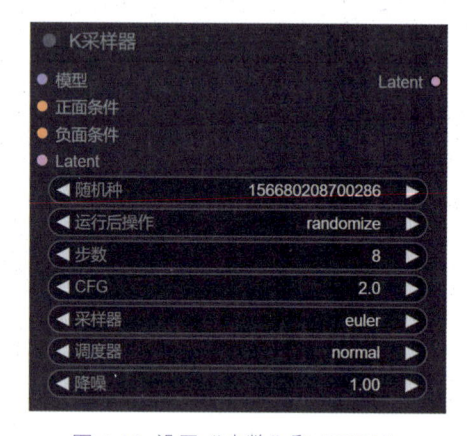

图4-12 设置"步数"和"CFG"

03 分辨率设置为1024×1296像素,如图4-13所示。分辨率越高,画面的细节越好。

图4-13 分辨率设置

04 提示词设置。这部分应用稍有不同,因为肖像大师是提示词扩展,接口只有正面提示词和负面提示词,因此需要设置"CLIP文本编码器"节点。

选择正面提示词的"CLIP文本编码器"节点,再右击,在弹出的快捷菜单中依次选择"转换为输入"→"转换文本为输入"选项,此时"CLIP文本编码器"面板将发生变化,新增了"文本"接口,如图4-14所示。同理,负面提示词的CLIP文本编码器也需要进行转换。

图 4-14 转换节点

05 将"肖像大师"与"CLIP文本编码器"进行连接，如图4-15所示。

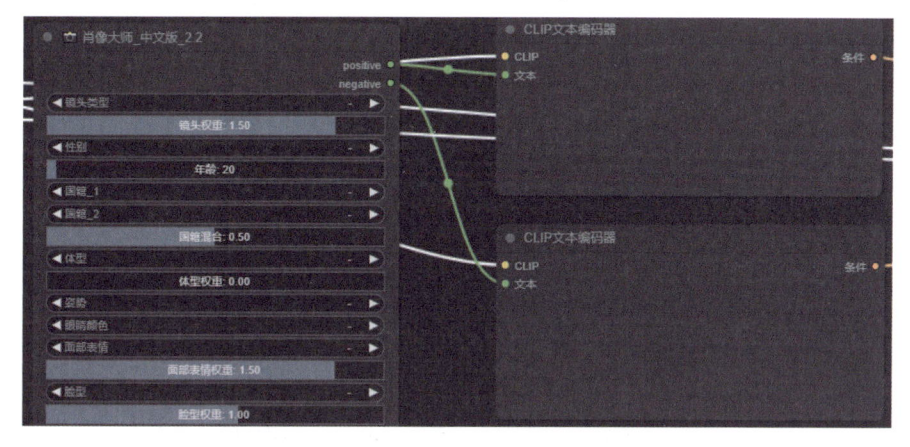

图 4-15 连接节点

06 灵活更改"肖像大师"节点的参数，最终的工作流如图4-16所示。

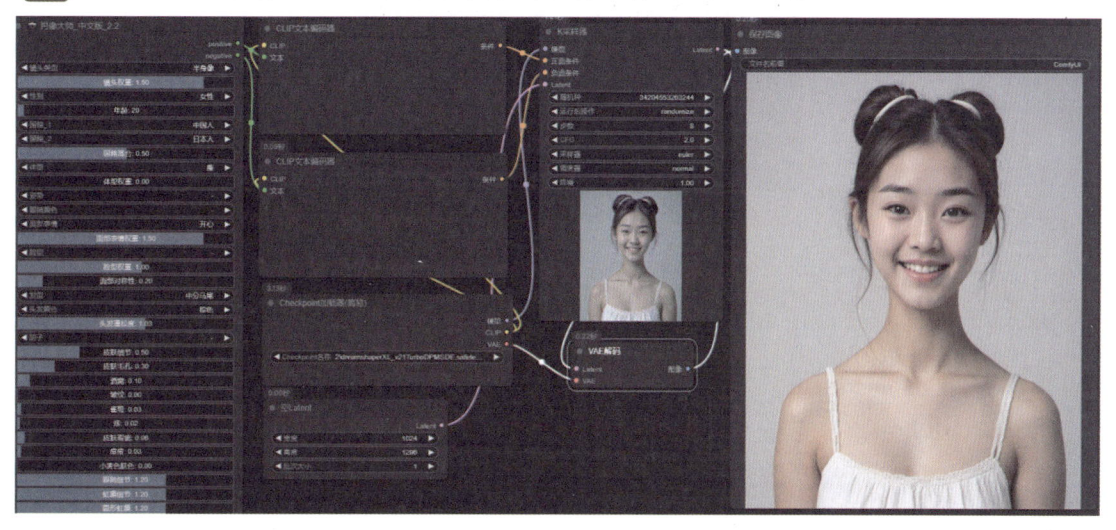

图 4-16 "肖像大师"的工作流

105

4.4 ReActor

ReActor 是一款可以集成到 ComfyUI 中的 AI 换脸插件，它能够根据用户提供的人脸图片，将生成的图片中的人脸替换为特定人物的面部。该插件操作简便，面部贴合自然，图片清晰度较高，能自动检测图片中的人脸并进行指定人脸的置换。换脸技术目前广泛应用于娱乐行业、广告营销、社交媒体内容创作以及教育和培训领域。

该插件在 GitHub 发布页的网址为 https://github.com/Gourieff/ComfyUI-reactor-node。

ReActor 的主要节点是 ReActor 换脸节点，如图 4-17 所示。

图 4-17 "ReActor 换脸"节点

ReActor 需要下载对应的置换模型、检测模型和修复模型。如果不能自动下载，可以到"ComfyUI 管理器"中的"模型管理"中搜索 ReActor 并进行下载。

- 置换模型：在 AI 换脸技术中起核心作用，能够实现真实的头部替换和图片替换任务。
- 检测模型：用于图像识别和目标检测。
- 修复模型：用于改善图像质量或修复脸部模型中的缺陷。

ReActor 典型的工作流如图 4-18 所示。

图 4-18 ReActor 的工作流

- 目标图像：指需要被换脸的人物图像，可以直接与文生图节点连接。
- 源图像：指用来替换的脸部图像。
- 修复模型：该选项默认是关闭的，生成的脸部可能会模糊，因此建议打开该选项。

ComfyUI 中还有 InstantID、IPAdapter 等工具可用于替换脸部，但 ReActor 的应用较为简单，它是一个独立的节点，还可用于替换视频中的脸部。

4.5 Argos 翻译

Argos 翻译是 ComfyUI 的多语言翻译插件，能够实现多语言转换，对中文用户特别有用。节点是"CLIP 文本编码器（Argos 翻译）"节点，如图 4-19 所示。

图 4-19 "CLIP 文本编码器（Argos 翻译）"节点

107

第一次使用该节点时，需确保能顺利连接到互联网，以便自动下载翻译模型。在语言选项中把源语言设置为中文。

该插件在 GitHub 的发布页为 https://github.com/AlekPet/ComfyUI_Custom_Nodes_AlekPet。

图 4-20 展示了该节点"展示文本"的翻译效果。

图 4-20 文本翻译效果

要使用 Argos 翻译节点，只需把"CLIP 文本编码器"节点替换为"CLIP 文本编码器（Argos 翻译）"节点，即可在 ComfyUI 工作流中直接输入中文进行创作，如图 4-21 所示。

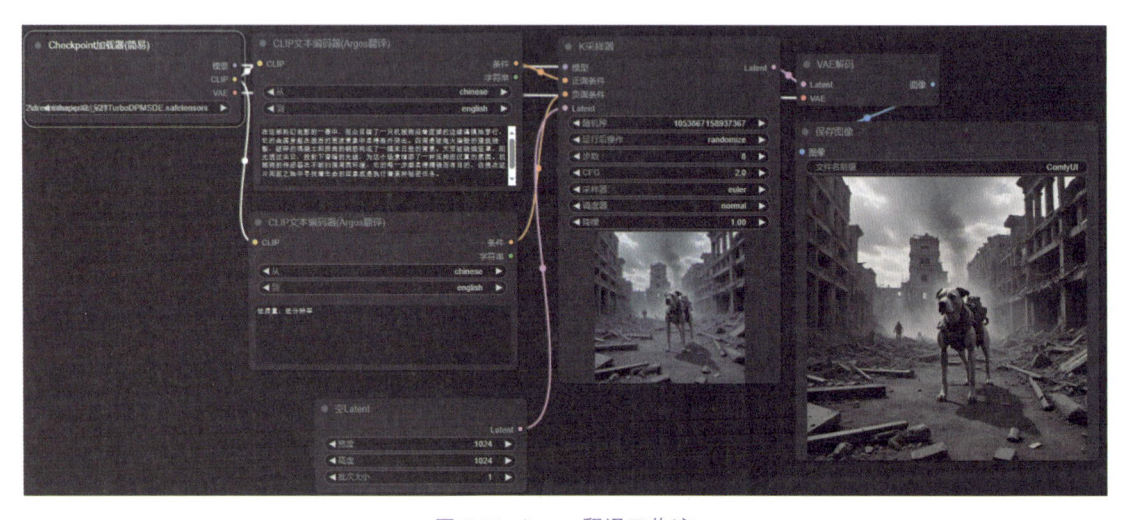

图 4-21 Argos 翻译工作流

提示词： 在这部科幻电影的一幕中，观众目睹了一只机械狗沿着废墟的边缘谨慎地穿行，

108

它的金属身躯在战后的荒凉景象中显得格外突出。四周是被炮火摧毁的建筑残骸，破碎的混凝土和扭曲的钢筋构成了末日般的背景。天空被硝烟笼罩，阳光透过尘云，投射下昏暗的光线，为这个场景增添了一种压抑而沉重的氛围。机械狗的传感器在不断扫描周围环境，它的每一步都显得精确而有目的，仿佛在这片死寂之地中寻找着生命的迹象或是执行着某种秘密任务。

ComfyUI 还有其他翻译节点，如 Deep Translator Text Node，它能使用免费的谷歌翻译，可以直接输入中文提示词，用法与 Argos 翻译类似，如图 4-22 所示。

图 4-22 Deep 翻译节点

4.6 ComfyUI-Crystools

ComfyUI-Crystools 是提供资源监视器、进度条、耗费时间、元数据以及比较两幅图像的差异等功能的插件。

它在 GitHub 的发布页为 https://github.com/crystian/ComfyUI-Crystools。

安装好该插件并重启 ComfyUI 后，Crystools 面板会显示在 ComfyUI 操作界面上，如图 4-23 所示，可以实时监控计算机的运行情况。

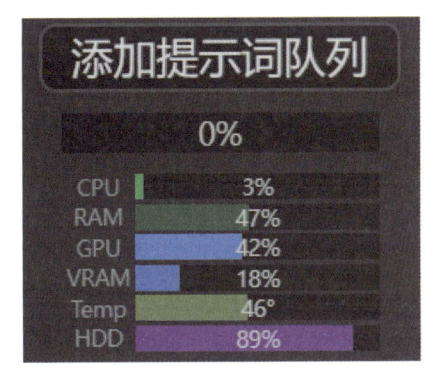

图 4-23 Crystools 面板

4.7 ComfyUI-WD14-Tagger

ComfyUI-WD14-Tagger 允许从图像中查询 booru 标签，支持标记和输出多个批处理输入。通俗地说，它可以从图像反推出生成图像的提示词。

这个扩展在 GitHub 的发布页为 https://github.com/pythongosssss/ComfyUI-WD14-

Tagger。

该扩展的使用工作流如图 4-24 所示,只需添加一个"加载图像"节点。

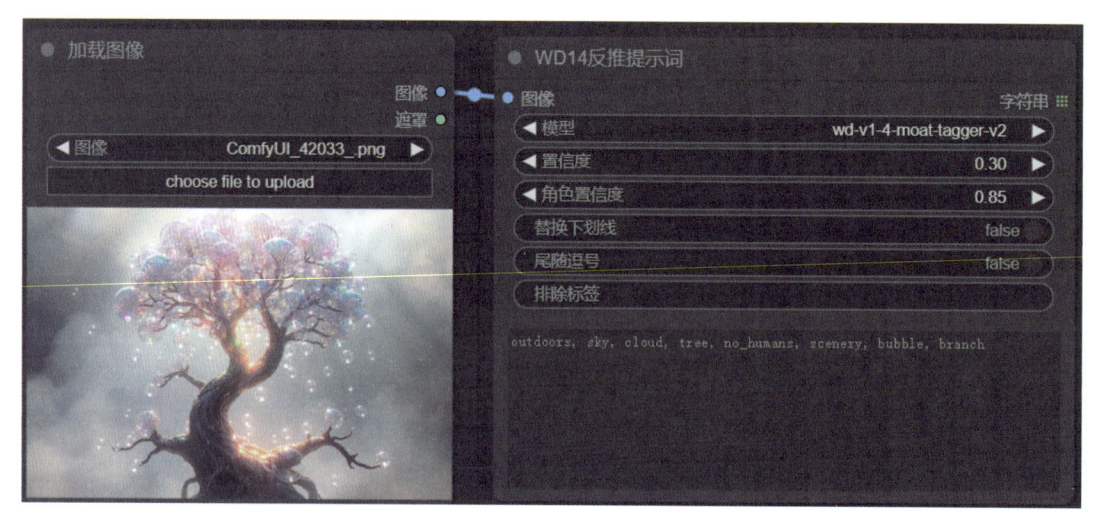

图 4-24 "WD14 反推提示词"的工作流

"WD14 反推提示词"节点的重要参数是置信度,其值越高,表示模型对生成的提示词或结果的信心越强。这个参数可以帮助用户调整生成内容的准确性和多样性。较低的置信度可能会导致更多的随机性,而较高的置信度则可能使结果更为保守和一致。

在这个案例中,当置信度设置为 0.3 时,反推的结果是:outdoors, sky, cloud, tree, no_humans, scenery, bubble, branch。对应的含义为:户外,天空,云,树,无人,风景,泡泡,树枝。

当置信度参数为 0.6 时,反推的结果是:tree, no_humans, scenery。对应的含义为:树,无人,风景。

4.8 SUPIR

SUPIR 主要用于图像的超分辨率处理。它在 GitHub 的发布页为 https://github.com/kijai/ComfyUI-SUPIR。

它的功能包括:

- **提高图像分辨率**:通过算法增强图像的细节,使低分辨率图像看起来更清晰。

第 4 章 ComfyUI 常用扩展

- 改善图像质量：减少模糊，提升视觉效果，适用于需要高质量输出的场景。
- 优化生成图像：在生成图像时，使用 SUPIR 可以提升最终效果，特别是在需要高细节的应用中。

SUPIR 有两个模型，用户可以根据需要选择适合的模型版本，并将它放置在 ComfyUI/models/checkpoints 文件夹中。

- SUPIR-v0Q：使用论文中默认的训练设置，大多数情况下具有较高的泛化性和图像质量。
- SUPIR-v0F：使用轻度退化设置进行训练，适合处理轻微退化的图像，它的 Stage1 编码器能够保留更多细节。

"SUPIR 放大"节点如图 4-25 所示。

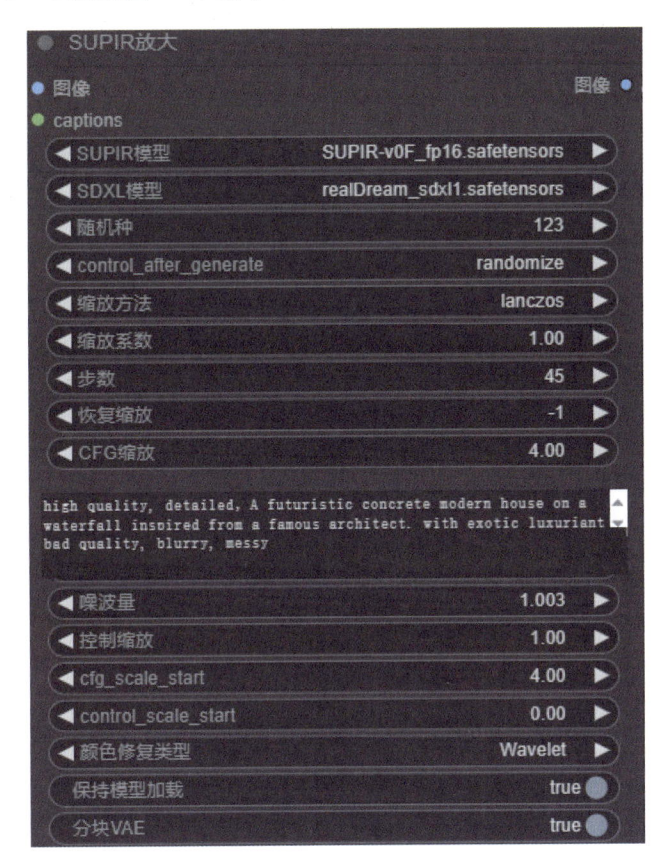

图 4-25 "SUPIR 放大"节点

以下参数较为重要：

- 缩放系数：指放大倍数。
- CFG 缩放：较高的 CFG 值可以使生成的图像更贴合提示词，但可能减少多样性；较低的 CFG 值则可以增加创意和多样性，但可能不够准确。
- 噪波量：较高的噪波量可以增加图像的细节和纹理，但可能引入不必要的噪声。

SUPIR 工作流如图 4-26 所示，"加载图像"节点也可以连接文生图工作流。

图 4-26 SUPIR 工作流

提示词：high quality, detailed, a futuristic concrete modern house on a waterfall inspired from a famous architect, with exotic luxuriant vegetation around, in a tropical jungle setting, photorealistic, a masterpiece, 4K, high details, view from above.

对应的含义：高质量，细致，一座未来派的混凝土现代房屋坐落在瀑布上，灵感来自一位著名建筑师，周围环绕着异国情调的繁茂植被，位于热带丛林环境中，照片级真实感，杰作，4K，高清细节，从上方俯视。

4.9 FaceDetailer

FaceDetailer（面部细化）节点是 ComfyUI 中用于增强图像中面部特征的自定义节点。它通过应用掩码和去噪操作专注于细化面部的细节，提高面部数据的质量和清晰度。这个节点特别适用于在小尺寸图像中修复人脸，因为小尺寸图像可能没有足够的像素生成面部细节，FaceDetailer 可以通过生成与合成高分辨率的面部来恢复细节。

第 4 章 ComfyUI 常用扩展

它是 Impact-Pack 中的一个重要节点，在 GitHub 的发布页为 https://github.com/ltdrdata/ComfyUI-Impact-Pack。

使用 FaceDetailer 时，如果不能自动安装模型，可以从 "comfyUI 管理器" 的 "模型管理" 中下载以下三个模型文件，并复制到对应目录：

- person_yolov8n-seg.pt、face_yolov8n.pt 复制到 \ComfyUI\models\adetailer。
- sam_vit_b_01ec64.pth 复制到 \ComfyUI\models\sams。

FaceDetailer 节点如图 4-27 所示。

图 4-27 FaceDetailer 节点

以下参数较为重要：

- 降噪：用于控制面部改变的程度，降噪数值越大，面部改变的程度越大。
- 羽化：用于控制图像边缘的平滑过渡效果，以减少面部特征与背景之间的硬边界，创造更加自然的效果。
- BBOX 参数：用于定义面部区域的边界框。
- SAM 参数：通常指的是 "选择性注意机制"。

下面通过一个案例来熟悉 FaceDetailer 的用法。

01 加载默认工作流，模型选择 Dreamshaper 蒸馏模型，设置分辨率为 1024×1408 像素，"步数" 为 8，"CFG" 为 2，输入提示词。文生图的工作流如图 4-28 所示。

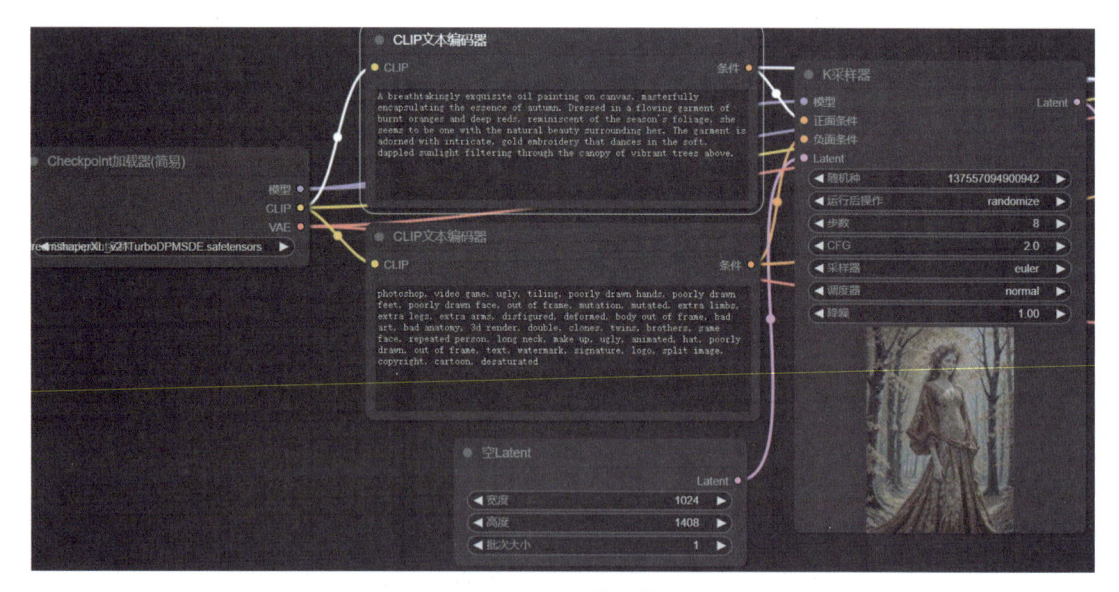

AI 绘画：Stable Diffusion ComfyUI 的艺术

图 4-28 文生图的工作流

正 面 提 示 词：A breathtakingly exquisite oil painting on canvas, masterfully encapsulating the essence of autumn. Dressed in a flowing garment of burnt oranges and deep reds, reminiscent of the season's foliage, she seems to be one with the natural beauty surrounding her. The garment is adorned with intricate, gold embroidery that dances in the soft, dappled sunlight filtering through the canopy of vibrant trees above.

对应的含义：一幅令人惊叹的油画，巧妙地捕捉了秋天的精髓。她身着一袭流动的衣裳，色彩为灼热的橙色和深红色，仿佛是季节树叶的缩影。她与周围的自然美景融为一体。衣裳上装饰着复杂的金色刺绣，在透过色彩斑斓的树冠洒下的柔和阳光中闪烁。

负 面 提 示 词：Photoshop, video game, ugly, tiling, poorly drawn hands, poorly drawn feet, poorly drawn face, out of frame, mutation, mutated, extra limbs, extra legs, extra arms, disfigured, deformed, body out of frame, bad art, bad anatomy, 3d render, double, clones, twins, brothers, same face, repeated person, long neck, make up, ugly, animated, hat, poorly drawn, out of frame, text, watermark, signature, logo, split image, copyright, cartoon, desaturated.

对应的含义：Photoshop，视频游戏，丑陋，平铺，绘制不佳的手，绘制不佳的脚，绘制不佳的面孔，超出画框，变异，突变，额外的肢体，额外的腿，额外的手臂，变形，畸形，身体超出画框，糟糕的艺术，糟糕的解剖结构，3D渲染，双重，克隆，孪生兄弟，相同的面孔，重复的人，长脖子，化妆，丑陋，动画，帽子，绘制不佳，超出画框，文字，水印，签名，徽标，分割图像，版权，卡通，去饱和。

02 创建"面部细化"节点，创建"检测加载器"和"SAM加载器"节点，选择模型后连接这些节点，如图4-29所示。

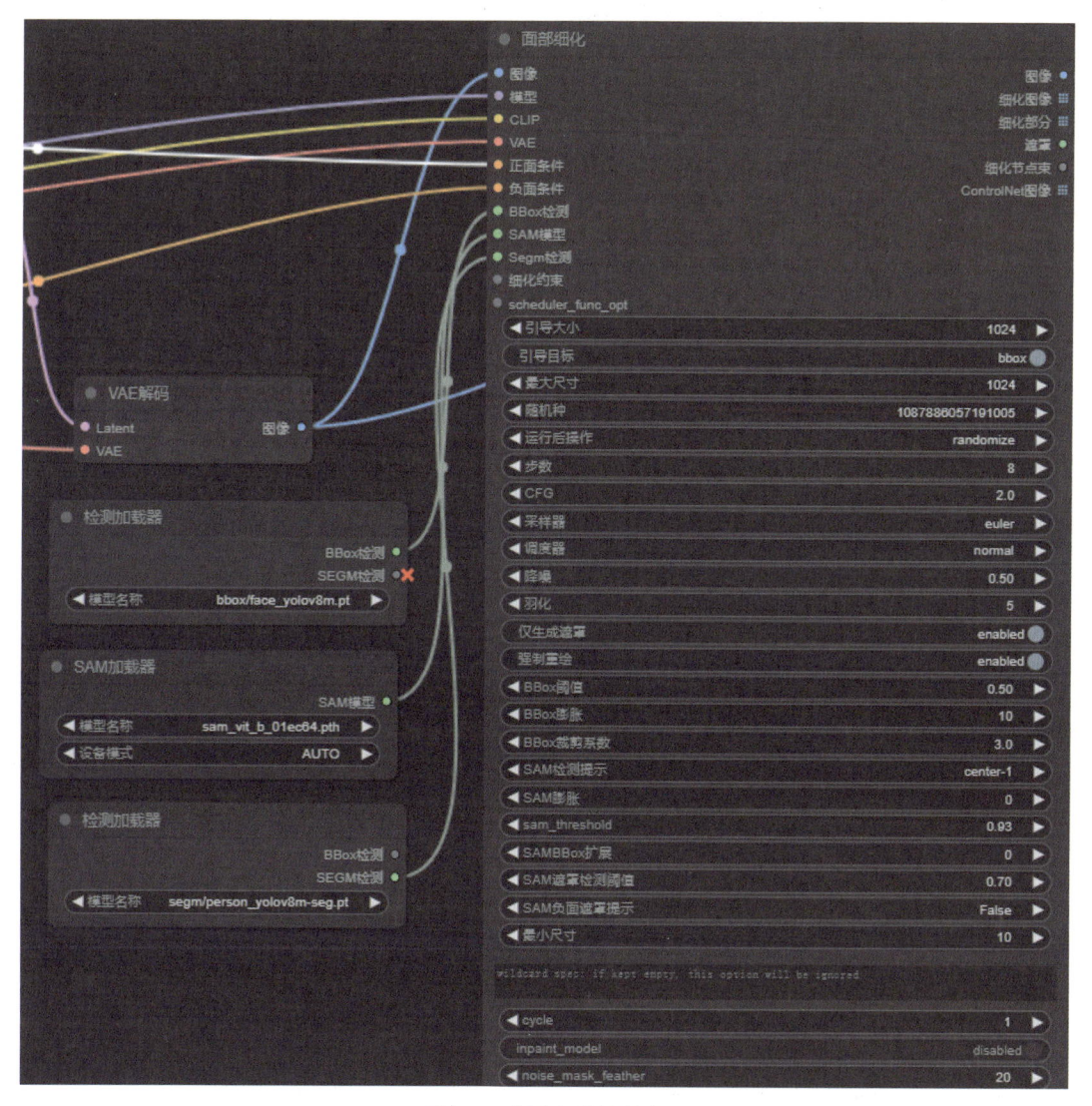

图 4-29 创建与连接节点

03 设置节点参数，将"引导大小"设置为适合SDXL模型的1024，"步数"和"CFG"设置与K采样器一样，其他保持默认设置，如图4-30所示。

◀ 引导大小	1024 ▶
◀ 引导目标	bbox ▶
◀ 最大尺寸	1024 ▶
◀ 随机种	0 ▶
◀ 运行后操作	randomize ▶
◀ 步数	8 ▶
◀ CFG	2.0 ▶
◀ 采样器	euler ▶
◀ 调度器	normal ▶
◀ 降噪	0.50 ▶

图 4-30 FaceDetailer 面板参数

04 最终生成的图像效果如图4-31（右图）所示，经过插件处理后，脸部细节有了明显改善。

图 4-31 面部改善前后的图像对比

以上是 ComfyUI 部分插件的介绍，这些插件极大地提升了 ComfyUI 的可用性和创作灵活性。ComfyUI 插件仍在持续开发和创新中，确保该平台能够适应不断变化的 AI 艺术创作需求，为用户提供最新、最优质的工具来实现他们的创意。

4.10 思考与练习

1. 思考题：如果导入工作流时发现红色的缺失节点，应该如何使用管理器处理？

2. 思考题：生成人物全景图像时，可能会出现"崩脸"的问题，结合本章内容，使用什么方法进行处理？

3. 上机内容：使用SD放大插件，把分辨率为1024×768像素的画面放大至2048×1536像素。

第 5 章 ComfyUI 节点集

AI 绘画:
Stable Diffusion ComfyUI
的艺术

本章概述

本章将介绍 ComfyUI 中常用的自定义节点集,包括效率节点集、简易节点集、TinyterraNodes 节点集、Rgthree 等。

本章重点

- 掌握 ComfyUI 效率节点集和简易节点集的应用

在使用 ComfyUI 时,节点的复杂性可能会让初学者感到困惑,尤其在工作流变得复杂时,节点间的连接像线团一样交错,很难理清。本章介绍了几个常用的自定义节点集,它们让图像生成过程变得更加直观、灵活和自动化。在一定程度上,这些节点集简化了 ComfyUI 的工作流。

ComfyUI 节点集是一个功能模块化的系统,允许用户通过不同的节点组合和处理图像生成与编辑任务。每个节点代表特定的操作,如图像增强、特征提取、风格转换等。节点集的灵活性使用户能够根据具体需求,轻松调整和优化图像处理过程。

我们可以根据需求选择合适的节点集来扩展 ComfyUI 的功能,并将多个节点组成节点组,创建自己的节点集。以下是一个简单的示例。

01 导入默认工作流,按住 Ctrl 键,选取两个"CLIP文本编码器"节点,如图5-1所示。

第 5 章 ComfyUI节点集

图 5-1 选择"CLIP 文本编码器"节点

02 在选择的节点上右击，在弹出的快捷菜单中选择"转换为节点组"选项，在弹出的面板中输入节点组名称"输入指令"，如图5-2所示。

图 5-2 节点组命名

03 两个节点合并后，组合成"输入指令"节点集，如图5-3所示。

119

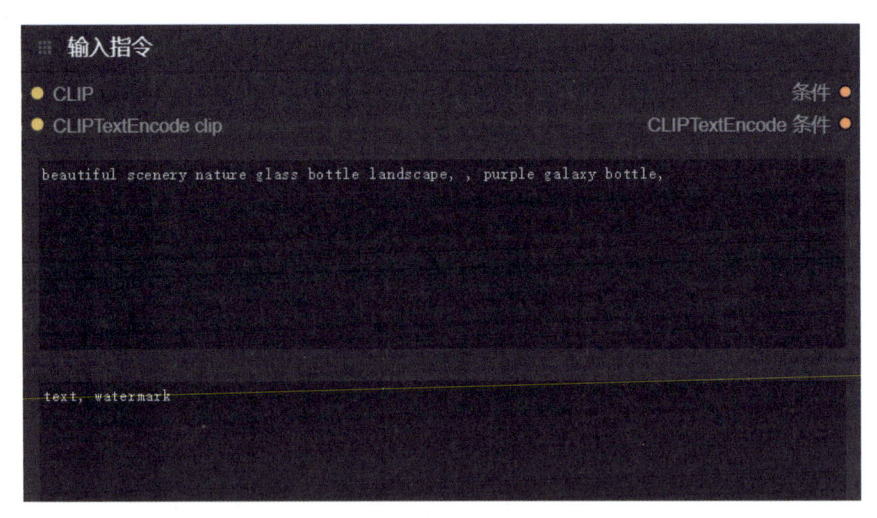

图 5-3 节点成组

04 可以在节点集上右击,在弹出的快捷菜单中选择"转换为节点"选项,以恢复为原有的节点分离方式。

节点集通过组合各个节点,减少了节点数量,从而避免了视图上节点繁多、线条乱如麻的情况。

节点集旨在简化 ComfyUI 的使用过程,它通过优化和整合一些常用的节点,提高用户的工作效率,同时保留 Stable Diffusion 的出图体验。

5.1 效率节点集

ComfyUI 的效率节点集(efficiency-nodes-ComfyUI)是一组自定义节点集,专门用于简化工作流程并减少节点总数,从而提高整体工作效率。

效率节点集在 GitHub 的发布页为 https://github.com/jags111/efficiency-nodes-ComfyUI。

1 文生图工作流

通过效率节点集可以快速建立文生图工作流。

01 在视图中导入"效率加载器(SDXL)""K采样器(SDXL效率)"和"保存图像"节点。连接"SDXL元组""Latent""VAE"和"图像"接口,完成SDXL文生图的工作流,如图5-4所示。

第 5 章 ComfyUI节点集

图 5-4 效率文生图的工作流

02 选择"dreamshaperTurbo"蒸馏模型，输入提示词，将"步数"降低到8，"CFG"设置为2，其他参数保持默认设置。该案例生成图的效果如图5-5所示。

提示词：Masterpiece, realistic, a sunflower with petals made of shimmering glass, swirling colorful clouds in the sky, dreamlike landscape.

对应的含义：杰作，逼真的，一朵花瓣由闪烁玻璃制成的向日葵，天空中旋转着彩色云朵，梦幻般的风景。

图 5-5 生成图的效果

2 LoRA 和 ControlNet

如果需要增加 LoRA，先从"LoRA 堆"接口拉出线条，添加"LoRA 堆"节点再将"开关"设置为 On，加载 LoRA 模型，这样 LoRA 效果就启用了，如图 5-6 所示。

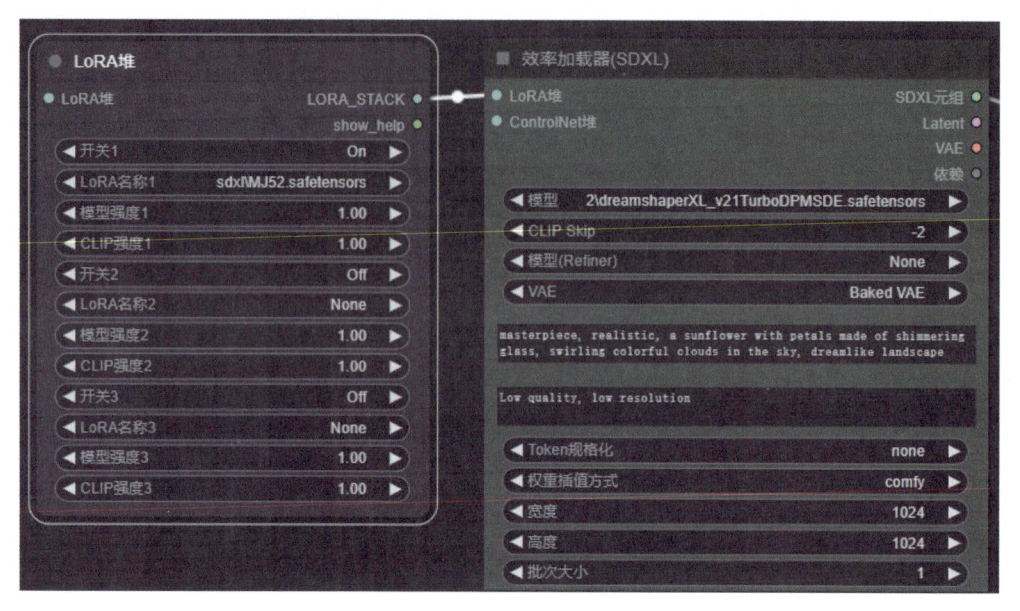

图 5-6 LoRA 节点

ControlNet 的操作方法与之类似，先从"ControlNet 堆"接口拉出线条，添加"ControlNet 堆"节点，再将"开关"设置为 On，加载 canny 模型和图像，这样 ControlNet 效果就启用了，如图 5-7 所示。

图 5-7 ControlNet 节点

3 XY 图表

ComfyUI 的效率节点插件中包含了多个常用节点，下面再举一个 XY 图表的案例。

XY 图表通过 XY 参数扫图生成和展示一系列图像。通过在 X 轴和 Y 轴上设置不同的参数值，可以直观地比较和分析参数变化对图像效果的影响，从而优化图像处理参数。

从"K 采样器（SDXL 效率）"的"脚本"接口中拉出"XY 图表"节点，并将它与"效率加载器（SDXL）"的"依赖"接口连接，如图 5-8 所示。

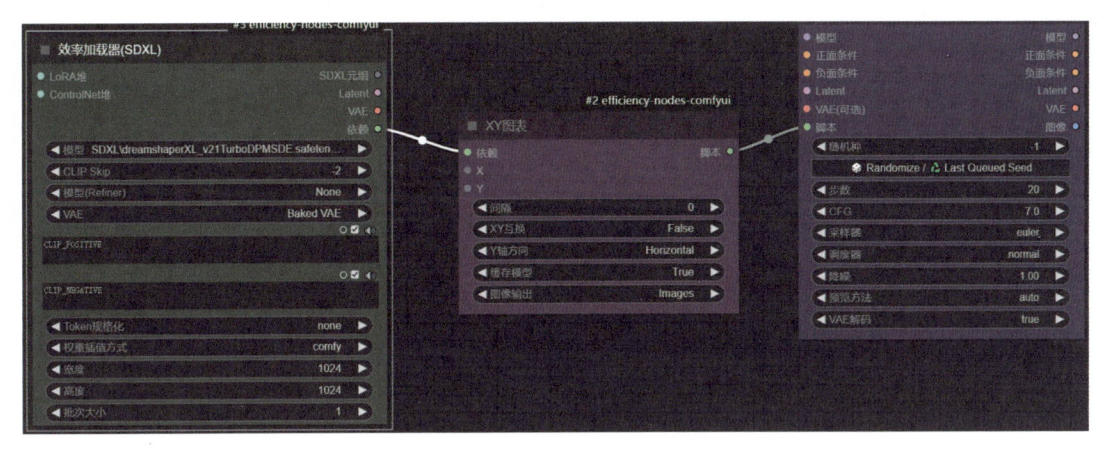

图 5-8 XY 图表节点

从 X 接口拉出连线，选择"步数"节点，参数设置如图 5-9 所示，总共生成 3 幅图像，步数分别为 1、3、6。

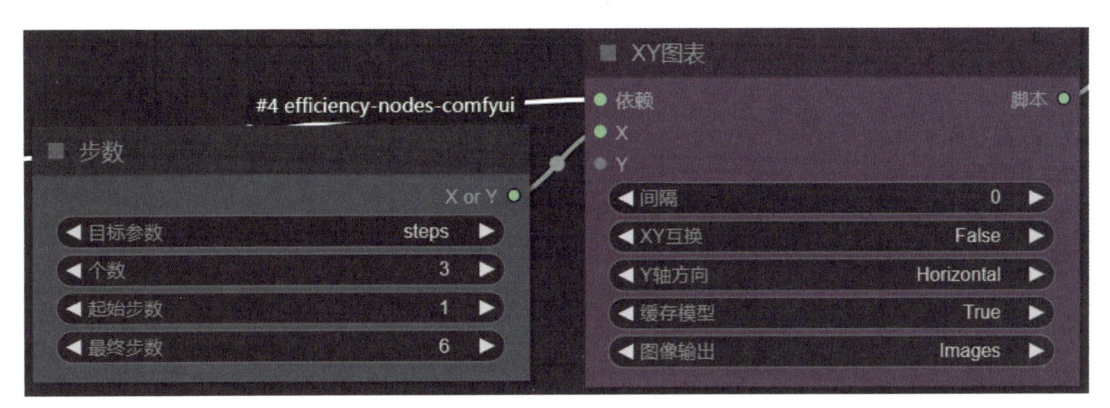

图 5-9 "步数"节点

生成后，X 轴形成了如图 5-10 所示的预览效果，分别对应步数为 1、3、6 时所生成的图像。

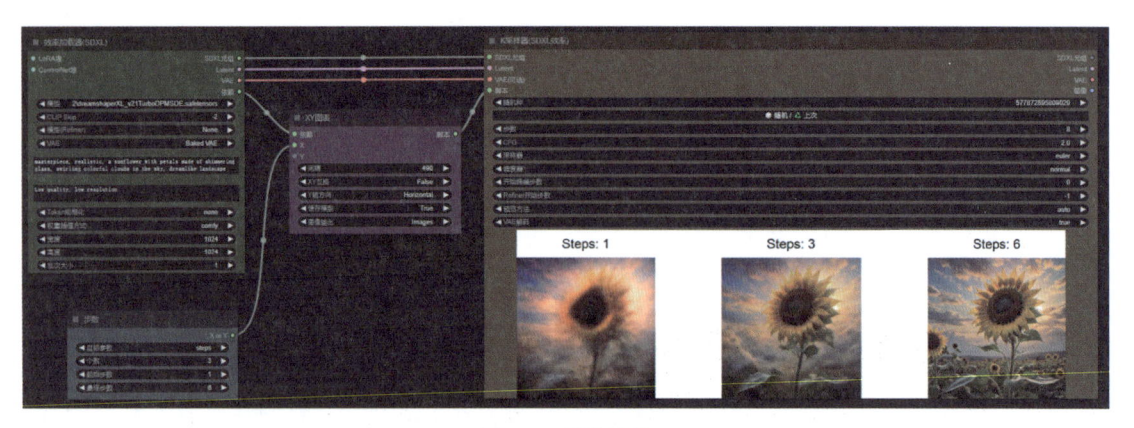

图 5-10 预览效果

通过效率节点集的几个工作流示例，我们可以体会到节点集确定简化了工作流，让视图界面更清爽，使初学者能够更快适应 ComfyUI 的工作方式，同时显著提高了老用户的工作效率。

5.2 简易节点集

Easy Use（简易）是一个旨在简化 ComfyUI 使用的节点整合包，它在 TinyterraNodes（TinyterraNodes 也是一个节点集，下一节会进行介绍）的基础上进行了扩展，并整合和优化了多个主流节点包，以帮助用户更快速、方便地使用 ComfyUI。

Easy Use 延续了 TinyterraNodes 的设计思路，降低了工作流配置的时间成本，简化了 SD、SDXL、Kolors、Hunyuan 等多种模型的工作流。

此外，Easy Use 提供了 UI 界面美化选项，用户可以在设置中自行切换主题并刷新页面以应用新主题。

Easy Use 在 GitHub 的发布页为 https://github.com/yolain/ComfyUI-Easy-Use。

Easy Use 文生图的工作流只需要两个节点："简易加载器"节点和"简易 k 采样器"节点。在此，我们使用了完整版的简易加载器和简易 k 采样器，其他版本的简易加载器和简易 k 采样器的使用方法与之类似，如图 5-11 所示。

图 5-11 简易文生图的工作流

本案例生成了一只由植物组成的鞋子的图像，如图 5-12 所示。

提 示 词：(abstract),((giant extremely detailed shoe)) with flowers, feathers and grains in it, masterpiece, animated lighting, fever dream.

对应的含义：（抽象），（（极其精细的巨型鞋子））里面有花、羽毛和谷物，杰作，动画光影，梦幻般的梦想。

图 5-12 鞋子

在节点中，接口使用了"节点束"。"节点束"指在某些特定的工作流或项目中，为了完成某个复杂的任务，将一系列相互关联、协同工作的节点组合在一起，形成一个整体，以便于管理、调用和重复使用。

简易节点集与效率节点集的功能类似，均提供了 LoRA 堆和 Controlnet 堆的接口。简易 k 采样器同样扩展了 XY 图表的可用性。在"简易 k 采样器"面板中，图像输出可以设置为"保存"，不需要额外的"保存图像"节点。

5.3 TinyterraNodes 节点集

TinyterraNodes（简称 TTN）是专为 ComfyUI 设计的一组自定义节点集，旨在提供增强的工作流体验和独特功能。例如，TTN 包括全屏图像查看器、高级 XYPlot、自动补全和动态小部件等功能。这些节点的目的是简化操作流程并激发用户的创造力。

TTN 在 GitHub 的发布页为 https://github.com/TinyTerra/ComfyUI_tinyterraNodes。

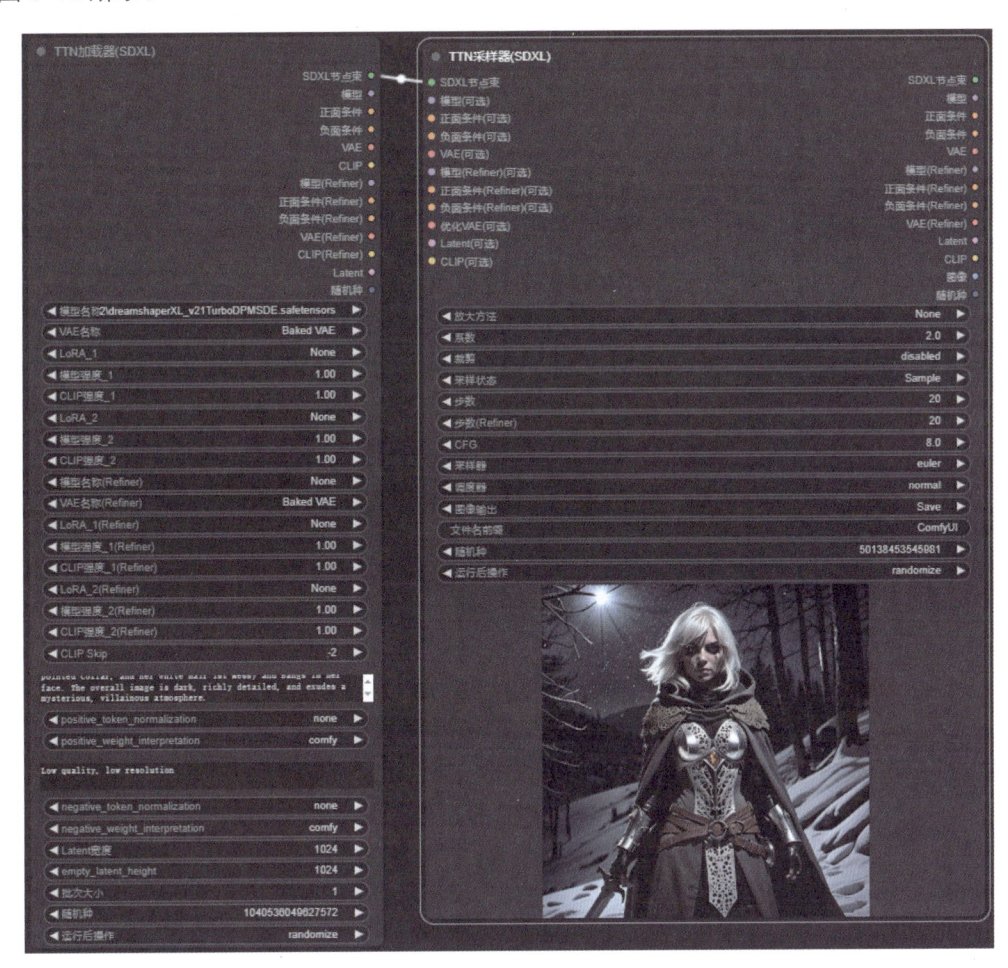

1 TTN 文生图的工作流

TTN 文生图的工作流同样只需要两个节点："TTN 加载器"节点和"TTN 采样器"节点，如图 5-13 所示。

图 5-13 TTN 文生图的工作流

TTN 加载器集合了大量的功能，例如 LoRA 内置在节点中，可以直接选择 LoRA 模型并设置权重。

TTN 采样器支持直接放大图像、保存图像以及对图像进行 Refiner 优化。

本案例生成了一位女战士的图像，如图 5-14 所示。

图 5-14 女战士

提 示 词：Monochrome with color highlights, upon a hill by night in profoundly deep darkness, in an eerie snowy mountain beautiful nature snow area, armored dark elfish knightess spirit wearing hooded linen cape, shaded face, very detailed and vibrant outworn and translucent, she is wearing armor made entirely of junk and garbage. The items are meticulously laid over her arms and limbs, securely fastened with ancient leather straps. , wielding luminous two-toned giant sword, very detailed, shot in UHD, volumetric backlight, snow flakes, torchlight, a dark and eerie high-resolution vintage photograph capturing a close-up of a natural mystical luminous woman at night, with the aura of a menacing villain from a sci-fi action film. She wears an old, horizontally broken gypsy mask that is contourless and colorless, with intricate mechanical lines forming a complex, mystical pattern. The mask partially reveals her face, which is hidden in deep shadow, intensifying her sinister presence. The visible part of her face shows a charming smile, light freckles, glowing white pupils, and an eyebrow piercing on her uncovered eye. She is dressed in an old, tattered mid-century English coat with a high, pointed collar, and her white hair is messy and bangs in her face. The overall image is dark, richly detailed, and exudes a mysterious, villainous atmosphere.

对应的含义：单色带有彩色高光，在夜晚幽暗深邃的黑暗中，一处雪覆盖的美丽山区，一个穿着披风的暗精灵骑士精神体站在山丘上，面容阴暗，非常详细和生动的破旧和半透明，她身穿完全由垃圾和废品制作的盔甲。这些物品精心地覆盖在她的臂膀和肢体上，用古老的皮条固定得十分牢固。她手持一把发光的双色巨剑，细节极其丰富。以高清拍摄，具有体积光背景、雪花、火把光效，捕捉到一张高清复古的照片，照片上是一位神秘的自然发光的女性，她的夜晚肖像透露出科幻动作电影中危险反派的气息。她戴着一张古老的、横向断裂的吉普赛面具，面具没有轮廓且无色，复杂的机械线条形成了一个神秘而复杂的图案。面具部分露出了她的脸，隐藏在深深的阴影中，增强了她邪恶的气息。她脸部可见的部分露出迷人的笑容，有浅色雀斑、发光的白色瞳孔，以及她露出的一只眼睛上的眉环。她穿着一件破旧的中世纪英格兰外套，领子高高尖尖，她的白色头发凌乱，刘海遮住了脸。整体形象黑暗、细节丰富，散发着神秘而邪恶的气氛。

2 图像扣除背景

通过"TTN 移除背景"节点，可以对主体进行抠图。节点只需直连"VAE 解码"，并可可以直接设置保存图像。图像预览效果如图 5-15 所示。

图 5-15 扣除背景

3 TTN 高清修复

通过"TTN 高清修复"节点，可以对图像进行放大和修复，如图 5-16 所示。

图 5-16 TTN 高清修复

TinyterraNodes 的节点还在不断更新，会增加越来越多的功能。它为 ComfyUI 用户提供了一套强大且实用的工具集，可以极大提升艺术工作者的创作效率并丰富创作体验。

5.4 Rgthree

Rgthree 为 ComfyUI 贡献了一系列自定义节点，这些节点有助于组织和构建复杂的工作流。这些节点包括 Seed（种子控制）、Reroute（重新路由）、Context（上下文）、Lora Loader Stack（Lora 模型加载堆栈）、Context Switch（上下文切换）、Fast Muter（快速静音）和图像对比等。通过这些节点可以提高工作流的组织性和效率。

第 5 章 ComfyUI节点集

Rgthree 经常使用的是图像对比节点，它允许我们在同一个图像框中对比效果。以下是一个示例。

01 建立一个效率文生图的工作流，创建"效率加载器（SDXL）"和"K采样器（SDXL效率）"节点，并连接"SDXL元组""Latent"和"VAE"接口。模型依旧为dreamshaperTurbo，输入提示词，把K采样器的随机种子固定为999，更改步数和CFG值，如图5-17所示。

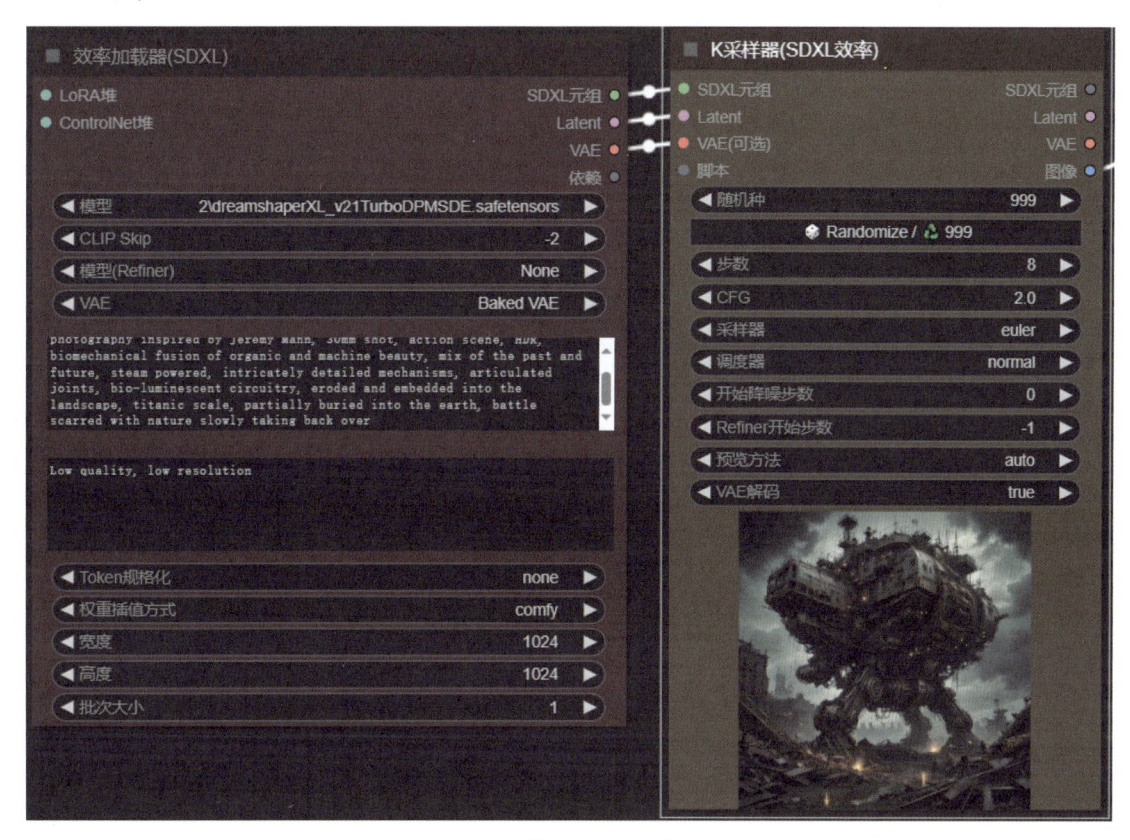

图 5-17 效率文生图工作流

提示词：Detailed, masterpiece, professional, bold colors, awe inspiring, photography inspired by Jeremy Mann, 30mm shot, action scene, HDR, biomechanical fusion of organic and machine beauty, mix of the past and future, steam powered, intricately detailed mechanisms, articulated joints, bio-luminescent circuitry, eroded and embedded into the landscape, titanic scale, partially buried into the earth, battle scarred with nature slowly taking back over.

对应的含义：详细，杰作，专业，鲜艳的色彩，令人敬畏，受 Jeremy Mann 启发的摄影，

131

30毫米镜头拍摄，动作场景，HDR，生物机械融合有机与机器之美，过去与未来的混合，蒸汽动力，复杂精密的机械装置，铰接关节，生物发光电路，侵蚀并嵌入景观之中，巨大的规模，部分埋入地下，战斗留下的疤痕，自然缓慢地重新夺回。

02 按住Alt键，用鼠标拖动"K采样器（SDXL效率）"节点，即可复制该节点。连接复制节点上的"SDXL元组""Latent"和"VAE"接口，把"采样器"改为dpmpp_2m_sde，将"调度器"改为karras，其他参数保持不变，如图5-18所示。

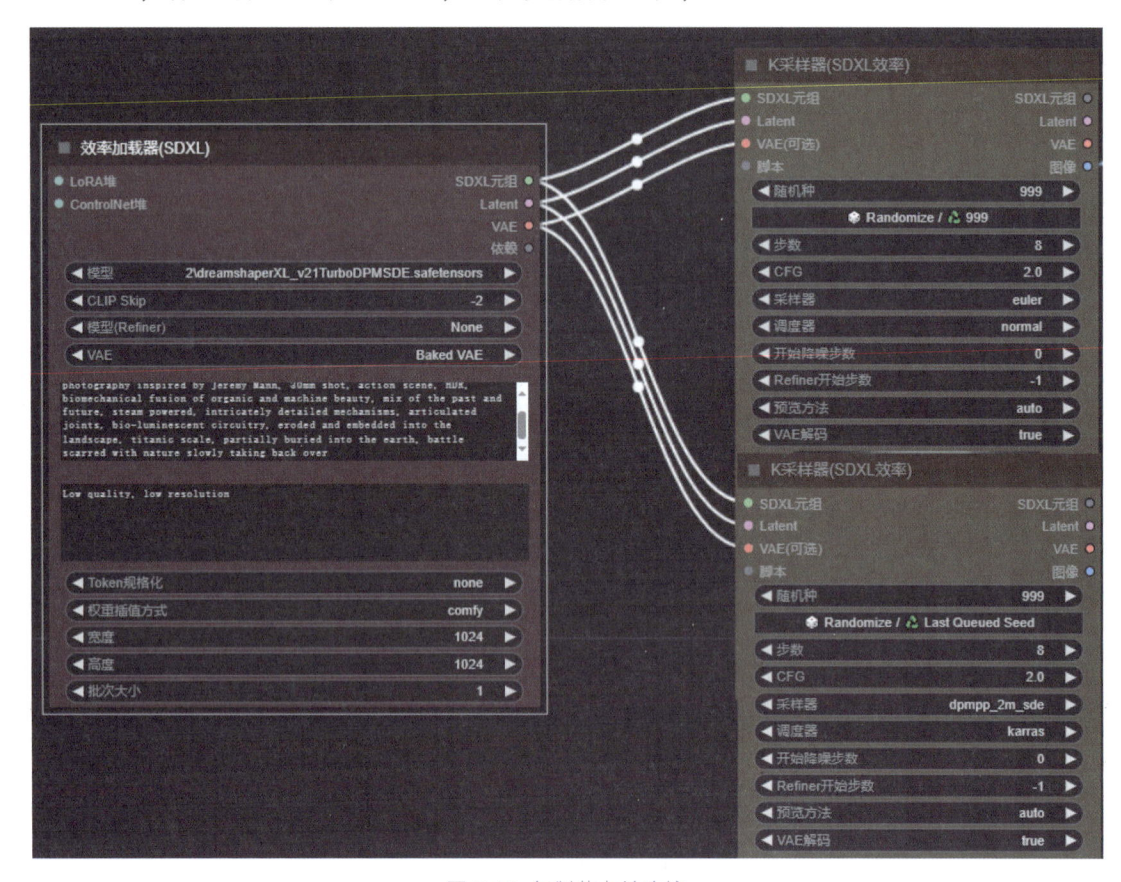

图5-18 复制节点并连接

03 创建"图像对比"节点，把源"K采样器（SDXL效率）"节点上的"图像"接口连接到"图像_A"，将复制的"K采样器（SDXL效率）"节点上的"图像"接口连接到"图像_B"，如图5-19所示。

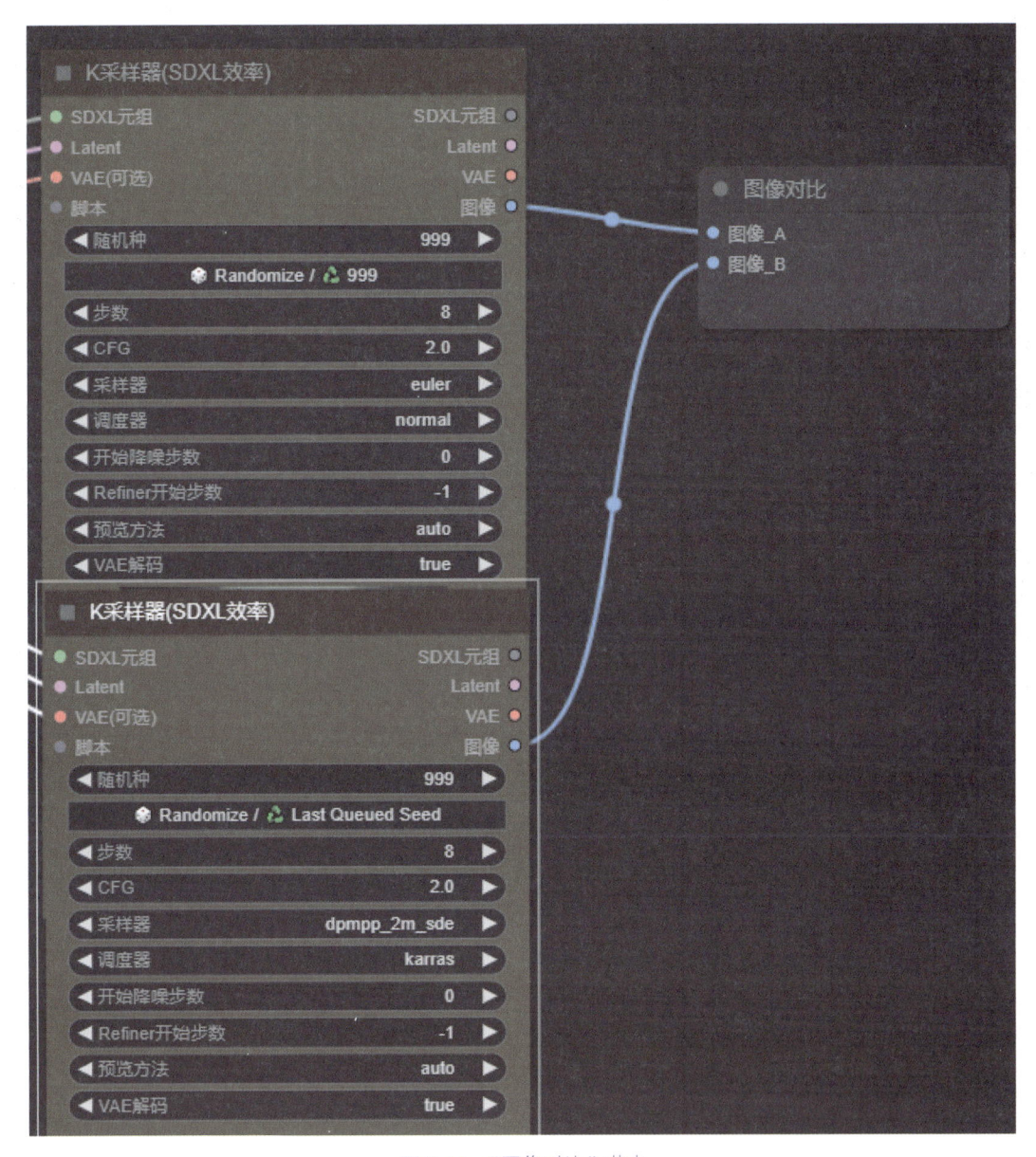

图 5-19 "图像对比"节点

04 生成图像后,我们通过"图像对比"节点可以观察更改采样器和调度器后生成图像效果的不同,如图5-20所示。

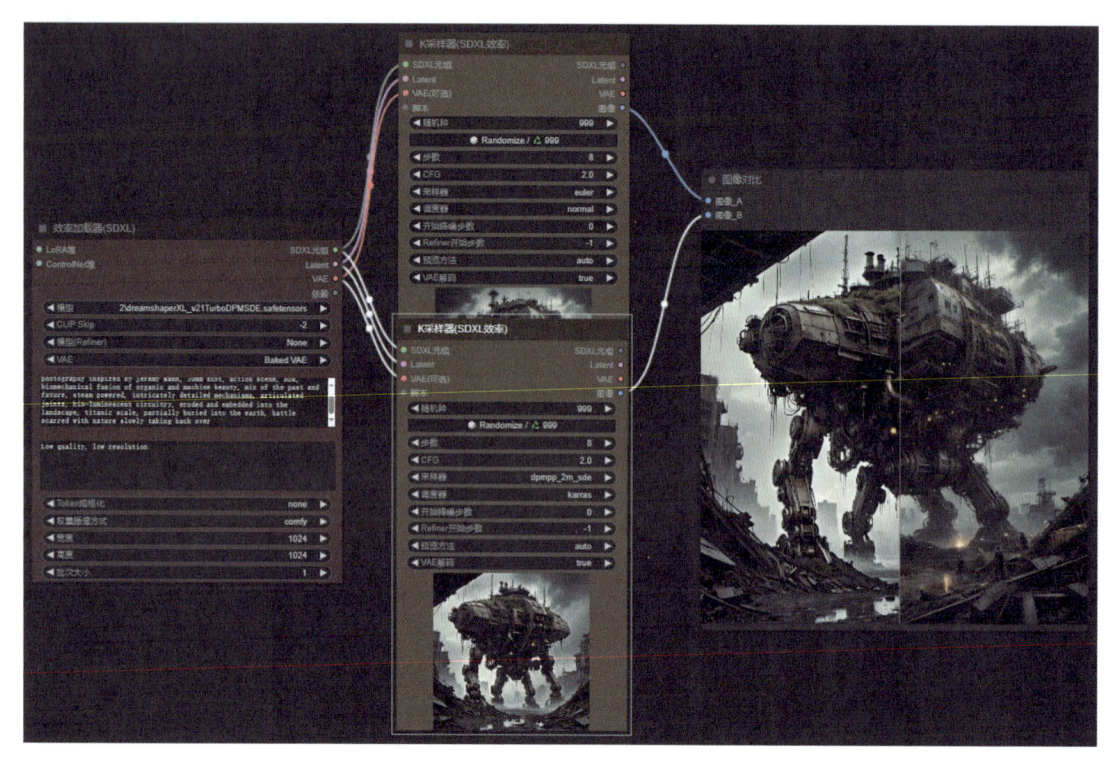

图 5-20 对比图像

ComfyUI 还有 Comfyroll、WAS Node Suite、Impact 等许多其他定制化节点集，这些插件和节点集大大扩展了 ComfyUI 的功能，使它成为一个更加强大和灵活的图像生成工具。

5.5 思考与练习

1. 思考题：节点集主要的作用是什么？
2. 上机内容：用效率节点搭建 SDXL 模型 ControlNet 工作流。
3. 上机内容：用图像对比节点对生成的两幅图像进行比较。

第 6 章 中文模型

AI 绘画：
Stable Diffusion ComfyUI
的艺术

本章概述

本章将介绍 ComfyUI 的 Kolors 和混元模型，包括模型的特性、常见工作流的搭建，以及一些使用技巧。

本章重点

- 掌握 Kolors 和混元模型生成图像的技巧

6.1 Kolors 模型概述

Kolors 是由快手公司开发的一个大规模文本到图像生成模型。该模型在数十亿的中英文图文对数据集上进行了训练，能够生成高质量、细节丰富的图像，尤其擅长处理中文提示词和生成中文字符。

Kolors 可以直接在快手的网站上使用，网址是 https://klingai.kuaishou.com。快手全面开源了该模型，包括模型权重和完整代码，允许将它应用于 ComfyUI。

Kolors 生成的图像如图 6-1 所示。

Kolors 的框架与 SDXL 一致，因此能够兼容 SDXL 的功能，并可借助 SDXL 强大的生态圈。在实际使用中，Kolors 模型可以生成各种风格和主题的图像，包括人像、产品设计、室内物体设计等，展现了它在艺术创作和设计领域的应用潜力。同时，Kolors 模型对中式元素的呈现效果也非常好，能够准确生成包含中国标志性建筑和传统美食的图像。

图 6-1 Kolors 生成的图像

Kolors 使用中文提示词生成图像的示例如图 6-2 所示。Kolors 模型能够直接支持中文提示词，并且在中文文本渲染方面能够生成部分中文字符图像。

图 6-2 Kolors 使用中文提示词生成龙卷风图像

提示词：这幅作品捕捉了一个令人难以置信的瞬间：一辆汽车勇敢地行驶在大自然的巨大力

量之中，面前的龙卷风以其惊人的规模和力量，展现了自然界的壮观与不可预测性。漏斗云的轮廓清晰可见，它那螺旋状的形态和暖灰色的色调，与周围明亮的天空形成了鲜明对比。汽车在画面中虽小，却以其坚定的姿态象征着人类面对自然挑战时的勇气和决心。摄影师通过精湛的技术和对时机的精准把握，记录下了这一罕见且震撼的场景，让观众感受到龙卷风的威胁与汽车行驶的紧迫感，是一幅充满力量和动感的摄影作品。

ComfyUI-KwaiKolorsWrapper 节点仓库的网址是 https://github.com/kijai/ComfyUI-KwaiKolorsWrapper。

要使用 Kolors，除了安装扩展之外，还需要下载模型。Kolors 需要两个模型：

- CLIP 模型 diffusion_pytorch_model.fp16.safetensors，复制到 ComfyUI\models\unet 目录。
- 语言模型 chatglm3-fp16.safetensors，复制到 ComfyUI\models\LLM 目录。

6.2 Kolors 工作流的搭建

Kolors 有以下三个方法可以搭建文生图的工作流，最终的画面结果都相同，用户可以选择其中的一种进行操作。

1 官方搭建

这是官方发布页公布的搭建方法，示意图如图 6-3 所示。

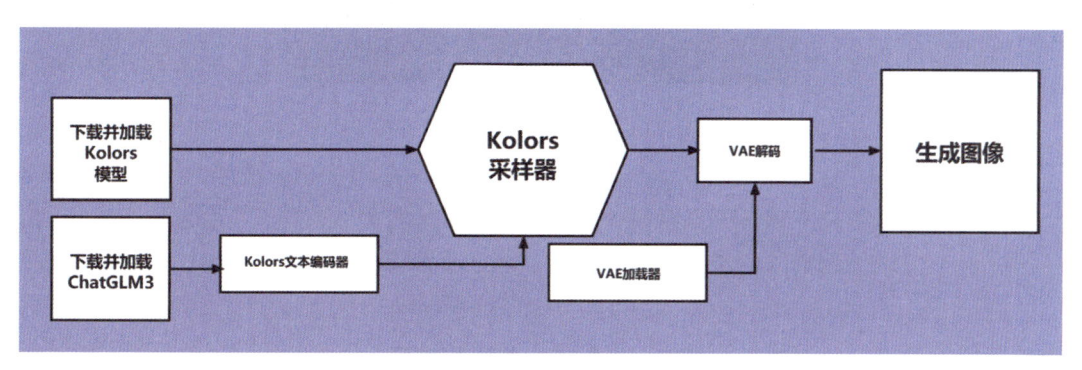

图 6-3 Kolors 官方发布的工作流

官方的工作流主要涉及"Kolors 采样器"节点、"下载并加载 Kolors 模型"节点、"下载并加载 ChatGLM3"节点和"Kolor 文本编码"节点、"Kolors 采样器"节点如图 6-4 所示。

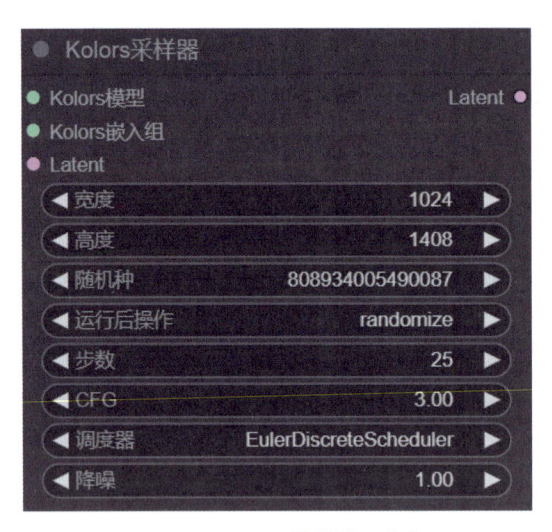

图 6-4 "Kolors 采样器"节点

该节点主要用于设置分辨率、步数、CFG 和调度器等，它的设置与 K 采样器的设置类似。需要注意的是 CFG 参数，若设置过大会产生过拟合现象，一般建议设置为 3 左右。

"下载并加载 Kolors 模型"节点如图 6-5 所示。该节点用于启用 Kolors 主模型，启动 Kolors 时会自动下载。

图 6-5 "下载并加载 Kolors 模型"节点

"下载并加载 ChatGLM3"节点如图 6-6 所示。ChatGLM3 是由清华大学与智谱 AI 联合发布的大型对话预训练语言模型，具备强大的语言理解和生成能力。它不仅支持流畅的多轮对话，还具有较低的部署门槛，使得用户可以方便地将它应用于各种场景。ChatGLM3 模型包括基础模型 ChatGLM3-6B-Base、对话模型 ChatGLM3-6B 以及长文本对话模型等。这些模型在语义、数学、推理、代码和知识等多个领域的数据集上展现出卓越的性能。

图 6-6 "下载并加载 ChatGLM3"节点

"Kolos 文本编码"节点如图 6-7 所示，其主要功能是输入提示词和设置生成图像的数量。

图 6-7 "Kolors 文本编码"节点

Kolors 官方的工作流如图 6-8 所示。

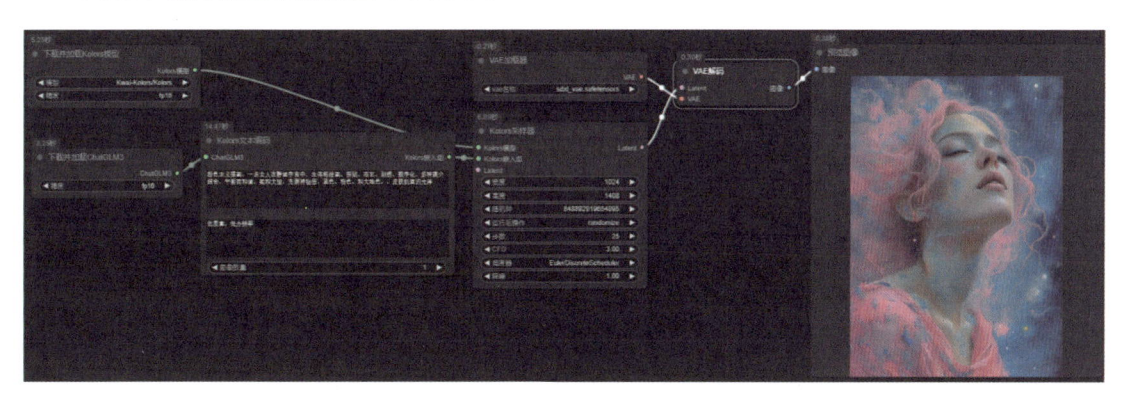

图 6-8 Kolors 官方的工作流

提示词：粉色主义插画，一名女人在静谧宇宙中，主体将绘画、拼贴、布艺、刺绣、数字化多种媒介结合，平衡而和谐，柔和而大胆，充满神秘感，蓝色、粉色和大地色，皮肤肌理的光泽。

2 MinusZone 节点

因为默认的 Kolors 还不能兼容 SDXL 的 Controlnet、IPAdapter 等功能，所以 MinusZoneAI 团队开发了 MinusZone 节点。

Kolors 的 MinusZone 节点即 ComfyUI-Kolors-MZ 插件，是用于 ComfyUI 的一种原生采样器实现，集成了 Kolors 模型的 ControlNet 和 IP-Adapter-Plus 功能。这个插件允许用户在 ComfyUI 中使用 Kolors 模型进行图像生成，并且可以配合 IP-Adapter 实现风格迁移和通过 ControlNet 控制人物姿势等高级功能。

Kolors-MinusZone 文生图的主要工作流如图 6-9 所示。通过 MinusZone 节点，Kolors 能够兼容默认的 K 采样器，从而兼容 SDXL 的许多功能。

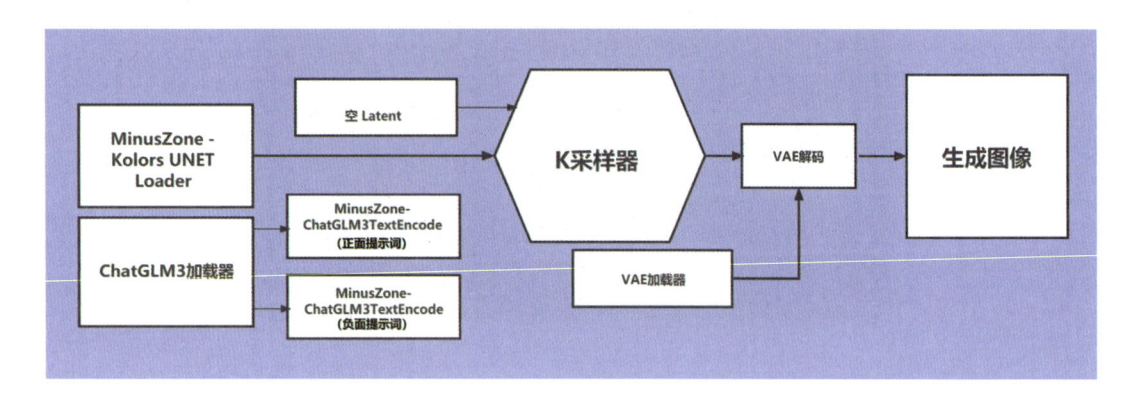

图 6-9 Kolors-MinusZone 文生图的工作流

Kolors-MinusZone 工作流主要涉及"K 采样器""KolorsNET 加载器"和"ChatGLM3 加载器"节点。

Kolors-MinusZone 可以使用默认的"K 采样器"，如图 6-10 所示。Kolors 的采样算法与 SDXL 模型不同，为了避免过拟合，需要降低 CFG 参数。采用 K 采样器默认的采样器和调度器可能锐度不够，因此本案例采用了采样器 ipndm_v 和调度器 exponential，两者配合能产生较好的效果。

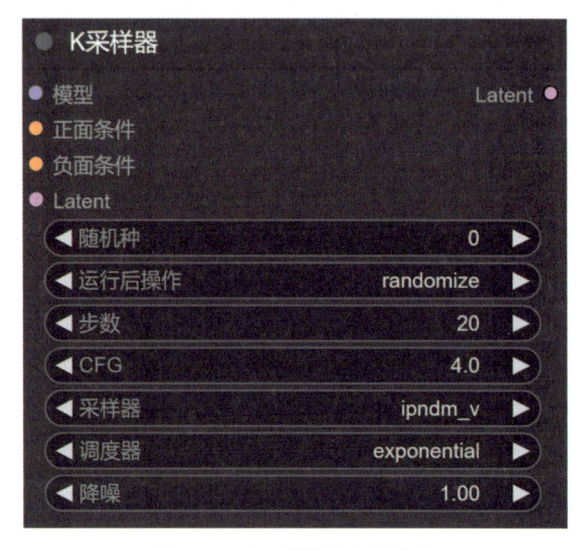

图 6-10 "K 采样器"的设置

KolorsUNET 加载器的主要功能是导入主模型，如图 6-11 所示。

图 6-11 KolorsUNET 加载器

ChatGLM3 加载器的主要功能是载入 ChatGLM3 模型，如图 6-12 所示。

图 6-12 ChatGLM3 加载器

最终的工作流如图 6-13 所示。如果要尝试 ControlNet 和 IPAdapter 功能，其使用方法与 SDXL 的使用方法相同。

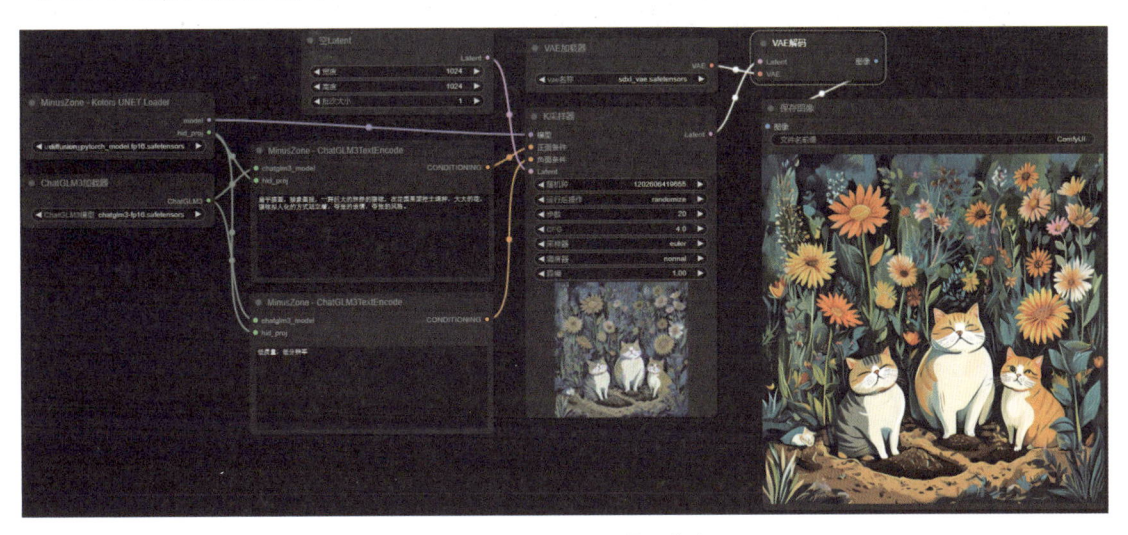

图 6-13 MinusZone 的工作流

提示词：扁平插画，抽象画报，一群巨大的胖胖的猫咪在花园里挖土埋种，大大的花，猫咪以拟人化的方式站立着，夸张的表情，夸张的风格。

3 简易 Kolors 工作流

Easy Use 节点集简化了 ComfyUI 工作流，只需两个节点即可完成文生图："EasyLoader（Kolors）"节点和"简易 K 采样器（完整版）"节点，如图 6-14 所示。

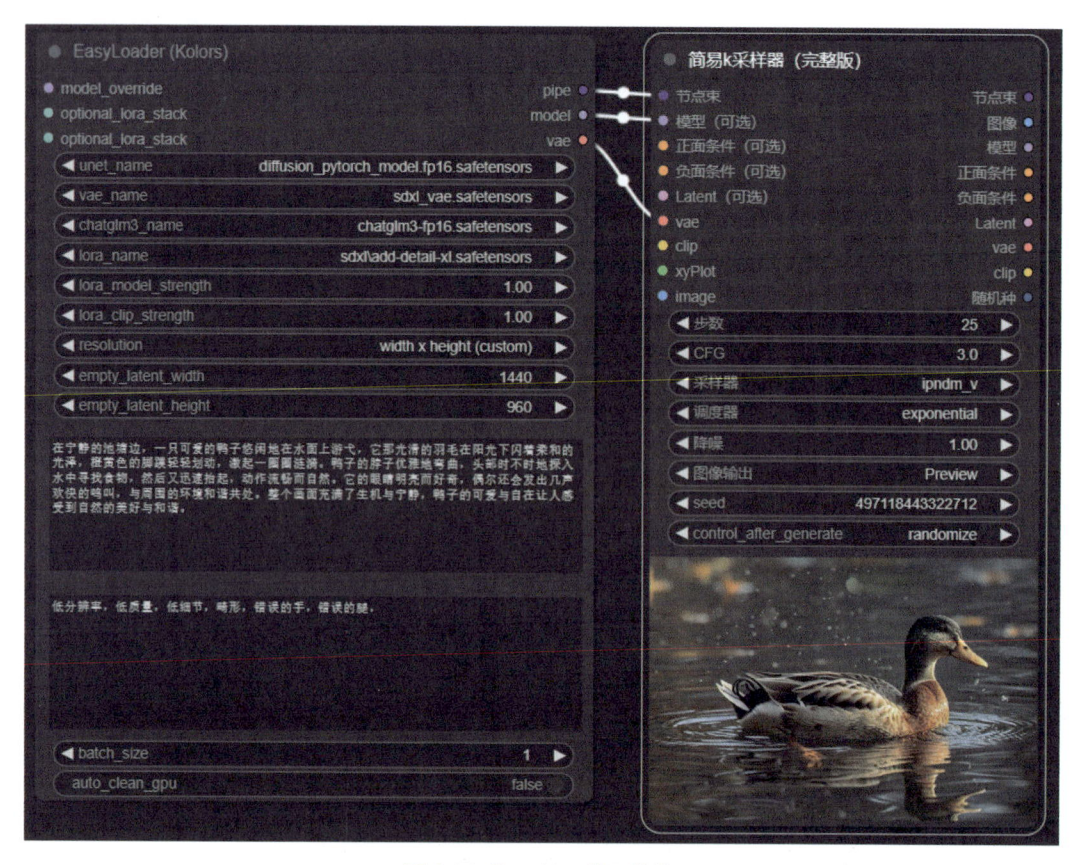

图 6-14 Easy Use 的工作流

6.3 Kolors 的使用技巧

Kolors 能够直接支持中文提示词，它对中国元素的表现非常出色。下面通过一些案例来体验 Kolors 模型的强大魅力。

1 生成中国风图像

使用 Kolors 生成中国风图像时，需要巧妙融合多种元素和特点，包括：元素选择，如传统建筑、中式园林、传统服饰、古典家具；色彩运用，如经典和淡雅色调；图案与纹理，如龙凤等吉祥图案和云纹等传统纹理；文化符号，如书法绘画、传统乐器、中式餐具；场景设定，如节日庆典和历史故事；意境营造，如宁静致远和诗情画意。

Kolors 生成的中国风图像案例如图 6-15 所示。

第 6 章 中文模型

图 6-15 中国风图像

提示词：中心是一个茶杯，茶杯上漂浮着迷人的绿色风景。风景中包含玉的元素，呈现出一种高贵与纯净的质感。使用超广角镜头捕捉这一景象，创造出一种幻想般的感觉。画面尺寸为 32K，背景融入祥云元素，体现出 ArtStation 趋势。采用 3D 浮雕风格与平面插图结合，展示出强烈的三维艺术感。对画面进行逼真的渲染，细节丰富至极。整体风格借鉴盲盒设计，采用粘土材料表现出三维质感。使用 OC 渲染技术，确保画面拥有高细节、高质量与高清分辨率。

备注 ArtStation 是一个专注于视觉艺术的作品分享平台。

2 生成创意插画

生成创意插画的提示词技巧在于输入描述时要明确主题和风格，清晰指出如"奇幻森林中的小精灵"这样的主题，并指定"水彩风格""卡通风格"等。同时要强调关键细节，比如小精灵翅膀的颜色、森林里树木的种类和形状等，以使生成的插画更符合期望。

Kolors 生成的插画案例如图 6-16 所示。

图 6-16 插画

提示词：儿童图书插图，野生动物，野外生活构图，简单形状，极简插图，老虎，大象，鹿，水牛，简单阴影，构图中的和谐，背景有森林元素，树木，高草，非常简约且过度简化。

3 生成电商产品展示图

生成电商产品展示图的提示词技巧在于两个方向：一方面是要对产品的功能和预期外观特点进行详细描述，例如"一款具有折叠功能的便携式蓝牙音箱，外观采用金属拉丝工艺"；另一方面是要强调产品所在的环境和氛围，以提升展示效果。

Kolors 生成的产品展示图案例如图 6-17 所示。

图 6-17 产品展示图

提示词：产品摄影，防晒霜周围热带海边景观，椰树背景，微景观摄影，蓝色主题，超现实主义的梦想风格，有机流体，光线追踪，彩色花朵，花朵前景阻挡，自然光，丛林，C4D，OC 渲染。

4 生成室内效果图

生成室内效果图的提示词技巧在于：首先要清晰地描述空间布局，比如阐述房间的大小、形状和布局，例如"一间 20 平方米的长方形卧室，床靠墙放置"；其次要明确指定材质，比如所需的装修材料，例如"木质地板""大理石台面"；最后还要有色彩搭配，例如"暖色调为主，搭配少量冷色点缀"等。

Kolors 生成的室内效果图案例如图 6-18 所示。

图 6-18 室内效果图

提示词：明亮的室内房间，有床，有窗户，外面的阳光透过窗户照在地板上，男生房间，沙发，电脑桌，桌上有台灯，广角。

5 人物形象设计

进行人物形象设计时，要精准描述人物特征，涵盖面部特征（如眼睛形状、鼻子大小）、发型、服装风格和配饰等，例如"瓜子脸，丹凤眼，齐肩卷发，穿着复古风格的连衣裙，佩戴珍珠项链"；同时要表达人物的情绪和状态（如微笑、沉思），以及姿态（如站立、坐姿），从而让生成的人物形象更加生动。

Kolors 生成的人物形象设计案例如图 6-19 所示。

第 6 章 中文模型

图 6-19 人物形象设计

提示词：写实摄影，光影斑驳，华丽布景，新中式摄影，一个穿着汉服的优雅少女，唐代，晕染的水墨，身后是水墨画，白底图，极具古典韵味的构图，磨砂质感，低饱和度色彩，James Terrell 风格，32K。

备注 James Terrell 是一位当代艺术家，是古根海姆奖、麦克阿瑟基金会天才奖以及美国国家艺术奖章的获得者。

6 广告海报设计

广告海报设计的提示词技巧包括：突出品牌元素，要提及品牌名称、标志、标志性颜色等，以保证生成的海报符合品牌形象；明确营销信息，阐明海报所要传达的诸如促销活动内容、产品核心卖点等主要信息。

Kolors 生成的广告海报设计案例如图 6-20 所示。

147

图 6-20 广告海报设计

提示词：柔和的白色，充气膨胀材质的耐克运动鞋，复杂的细节，充气感，特殊的结构，超现实主义，8K，充气，膨胀，轻盈，超高品质，艺术品，桥面柔软舒适，治愈，室内拍摄，极致的光线，超高画质。

7 游戏设计

设计游戏的提示词技巧在于：首先设定游戏的类型和风格，例如明确"一款魔幻风格的角色扮演游戏的城镇场景"，以奠定整体基调；接着描述环境元素，包括建筑物风格（如哥特式、中式古典）、地形地貌（如山脉、河流）以及天气状况（如晴天、雨夜）等；还需强调互动元素，如可破坏的物体、隐藏的通道、特殊的机关等，以增添场景的趣味性。

Kolors 生成的游戏设计案例如图 6-21 所示。

图 6-21 游戏角色设计

提示词：紫熊战士角色，棋盘游戏风格，白色背景。

8 书籍封面设计

书籍封面设计的提示词技巧包括：首先概括书籍主题，简洁明了，例如"一部关于太空探险的科幻小说"；然后突出关键元素，比如主角形象、标志性的太空飞船、神秘的星球等，以吸引读者注意；最后营造色彩氛围，例如"深邃的蓝色为主调，点缀着璀璨的星光"，以达到理想的视觉效果。

Kolors 生成的书籍封面设计案例如图 6-22 所示。

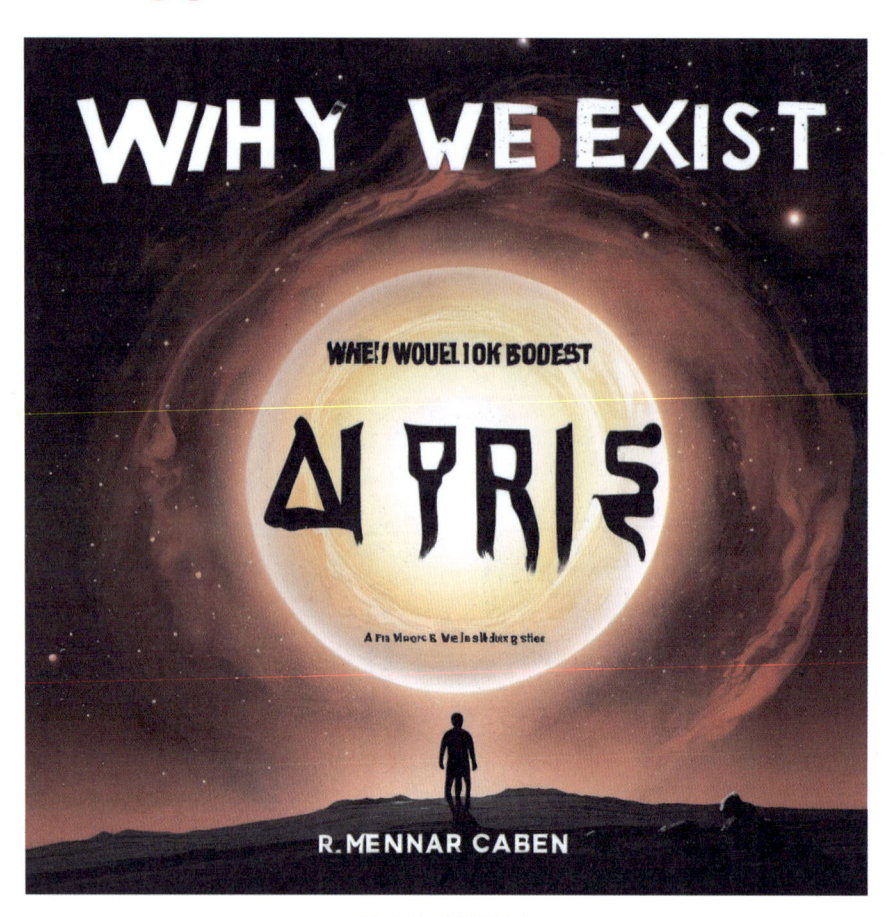

图 6-22 封面设计

提示词：书的封面，背景图描绘了浩瀚的宇宙和太阳系。书名为"Why We Exist"，其中的"We"是血红色的，具有恐怖电影风格的流血效果，"Exist"是墨黑色的，令人产生凝视深渊的感觉。

> **备注** Kolors 模型在生成较长的中英文文字时还不够准确，用户应尽量避免生成复杂的文字。

9 动漫角色设计

动漫角色设计的提示词技巧包含：描述角色独特的能力或标志性的武器，例如"能够控制火焰的魔法少女，手持火焰法杖"；通过外貌和服装体现角色的性格，例如"活泼开朗的少女穿着色彩鲜艳的短裙"；若角色有变身或进化形态，需详细阐述其变化后的特征。

第 6 章 中文模型

Kolors 生成的动漫角色设计案例如图 6-23 所示。

图 6-23 动漫角色

提示词：穿着睡衣的小狗雕像，蓬松的白色皮毛，明亮的眼睛和摇摆的尾巴，坐在舒适的毯子上，周围是毛绒玩具，五颜六色的垫子和"Good night"夜灯，在一个孩子的卧室里，充满了玩具、故事书，天花板上有发光的星星，唤起一种温暖和天真的感觉，一种异想天开和好玩的纸工艺品风格。

10 生成风景图

生成风景图的提示词技巧在于要指明具体的景物和时间，例如"黄山的日出景色""秋季的九寨沟";还要描述光线和天气效果,例如"柔和的侧光""薄雾笼罩的山谷"。

Kolors 生成的风景图案例如图 6-24 所示。

图 6-24 国风风景

提示词:国风,流体油画,干净的画面,极简主义,流体描绘的高山和中式建筑,曲线,渺小的寺庙,极致构图,完美构图,留白,新工笔,肌理磨砂,电影海报,流体油画,8K 分辨,白色主色,超现实。

11 时尚服装设计

时尚服装设计的提示词技巧在于明确描述服装的款式,例如"露肩晚礼服",同时指出使用的材质,比如"丝绸面料",还要提及装饰和细节,例如"水晶镶嵌的腰带""蕾丝花边的袖口"等。

Kolors 生成的服装设计案例如图 6-25 所示。

图 6-25 服装设计

提示词：时尚设计，连衣裙，黑白色彩，Iris Van Herpen 的极简风格，时装秀背景，赛博摄影，服装渲染，纹理细节，佳能 EOS R5 相机，标准镜头，超高清，高细节，16K 分辨率。

> **备注** Iris Van Herpen 是一位极具影响力的荷兰时装设计师。

Kolors 支持中文提示词，这一点对初学者特别友好。用户在创作提示词时要尽量提供详细、准确和富有想象力的描述，同时多进行尝试和调整，以获得满意的生成结果。

6.4 混元模型

混元模型是由腾讯公司开发的人工智能大模型，它在多模态理解领域展现出了卓越的实力。混元模型开源的网址为 https://github.com/Tencent/HunyuanDiT。

混元模型在技术实现上的创新之处主要体现在以下几个方面：

- 中英双语支持：混元模型是业内首个中文原生的 DiT 架构文生图开源模型，支持中英文双语输入及理解，参数量达到 15 亿。这使得它在使用中文文本提示词进行图像生成方面具有显著优势，特别是在古诗词、俚语、传统建筑、中华美食等中国元素的图像生成上表现出色。混元模型根据一首中国古诗生成的图像案例如图 6-26 所示。

图 6-26 古诗成画

提示词：荻花秋，潇湘夜，橘洲佳景如屏画。——李珣《渔歌子·荻花秋》

- 全新 DiT 架构：混元模型采用了与 Sora 一致的 DiT 架构，即 Diffusion With Transformer。这是一种基于 Transformer 架构的扩散模型。相比传统的 UNet 架构，该架构具有更好的扩展性，有助于进一步提升模型生成的质量和效率。
- 长文本理解能力：在算法层面，混元模型优化了模型的长文本理解能力，支持最多输入 256 个字符的内容，达到了行业领先水平。
- 全面开源：混元模型的全面开源，使得开发者和企业可以直接使用模型进行推理。

这些创新使混元模型在多模态视觉生成领域具有显著的技术优势和应用潜力。

混元模型可以通过 Easy Use 扩展直接使用，比官方搭建更加简便。使用中文提示词时，如果第一次使用，系统可能需要在后台下载一些文件，因此需要确保计算机连接到互联网。

混元模型的工作流主要涉及两个节点："简易混元"节点和"简易 K 采样器（完整版）"

节点。具体用法前文已经介绍过，最终的工作流如图 6-27 所示。在采样器中把"图像输出"设置成预览或保存图像，便不再需要后续的"预览或保存图像"节点。

图 6-27 混元模型文生图的工作流

混元模型支持 SDXL 版本的 LoRA 微调，图 6-28 展示的是采用水墨 LoRA 模型微调的效果。

图 6-28 LoRA 工作流

该微调模型可以在 Libilib.ai 网站中下载，如图 6-29 所示。

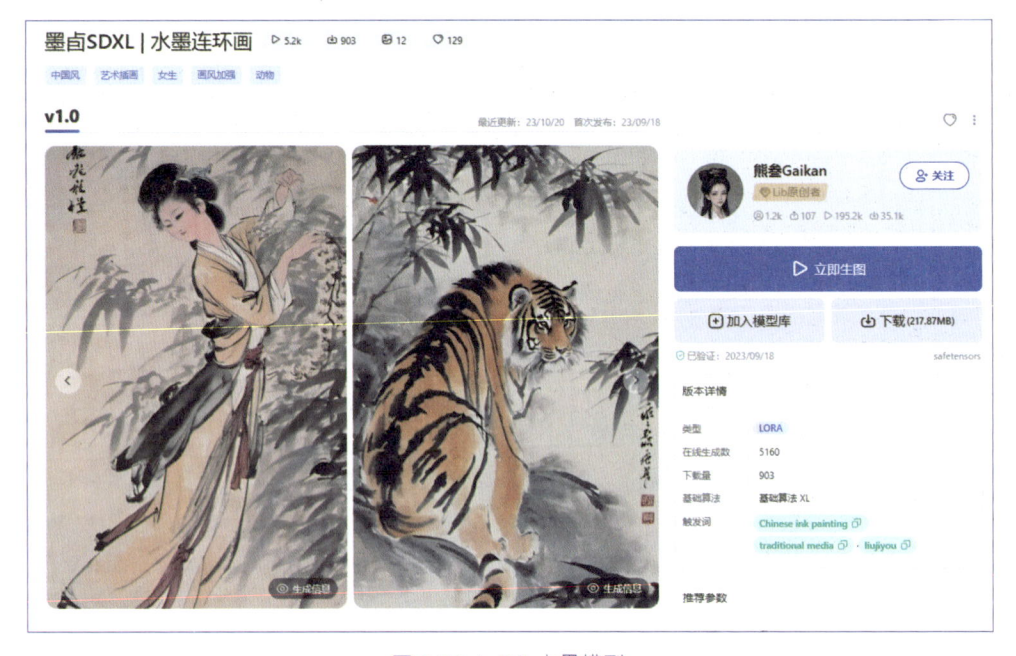

图 6-29 LoRA 水墨模型

混元模型还支持 SDXL 的 ControlNet 模型，它的用法前文已有介绍，工作流如图 6-30 所示。

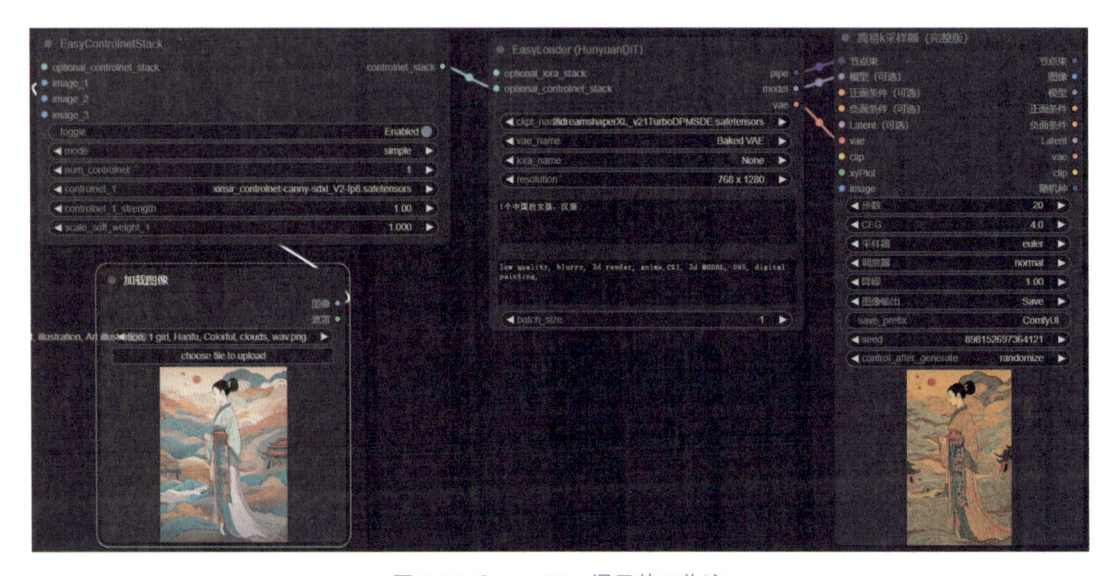

图 6-30 ControlNet 混元的工作流

Kolors 和混元这两个模型都支持中文提示词，为华人用户提供了强大的图像生成工具。无论是在艺术创作、广告设计还是日常娱乐中，它们都能够提供高效、个性化的服务。随着技术的不断进步和应用场景的拓展，Kolors 和混元模型都有望在未来发挥更加重要的作用，推动 AI 图像生成领域向新的高度发展。

6.5 思考与练习

1. 思考题：Kolors、混元模型与 SDXL 相比，在提示词方面有什么本质区别？
2. 上机内容：用 Kolors 制作一位中国古代将军的形象。
3. 上机内容：用混元模型创建一幅宋朝古城的场景图。

第 7 章 Flux 模型

本章概述

本章将介绍 ComfyUI 的 Flux 模型，包括模型的特性、常见工作流的搭建，以及使用该模型的一些技巧。

本章重点

- 掌握 Flux 生成图像的技巧

7.1 Flux 模型概述

Flux 模型在 2024 年 8 月开源，由 Black Forest Labs（黑森林实验室）开发，该实验室由 Stable Diffusion 的原班人马及多位 Stability AI 前研究员共同成立。Flux 是一款先进的开源文本到图像生成模型，拥有惊人的 120 亿参数，旨在通过文本描述生成高质量的图像。

Flux 模型生成图像的效果，如图 7-1 所示，艺术家们普遍认为，它的生成质量超越了当前绝大部分模型。

该模型拥有三个不同版本，分别满足不同的使用需求和性能要求：

- FLUX.1 [dev]：基础模型，以非商业许可开源，适合社区使用和进一步开发，提供前沿的输出质量和具有竞争力的提示词遵循性。
- FLUX.1 [schnell]：基础模型的精简版，生成速度提升至基础模型的 10 倍，在 Apache 2.0 许可下提供，适合个人和本地开发，在保证高性能的同时提升了速度和效率。

第 7 章 Flux 模型

- FLUX.1 [pro]：闭源版本，仅通过 API 提供，图像质量、细节和提示词遵循性最佳，适用于商业用途和高需求应用。

图 7-1 Flux 模型生成的图像

  Flux 对硬件要求较高，如果采用官方的模型，显存容量要求在 8GB 以上，系统内存容量要求在 16GB 以上，这对部分用户来说较为困难。因此，一些 ComfyUI 的开发者对模型进行了优化，主要分为三个版本，fp16、fp8 和 nf4。

  Flux 模型的三个版本（fp16、fp8 和 nf4）之间的主要区别在于精度和速度。fp16 是半精度浮点数版本，提供平衡的精度和速度；fp8 是更低精度的版本，在存储和计算上更为高效，但可能会有细微的精度损失；最新引入的 nf4 版本，即 4 位浮点数，提供了比 fp8 更快的推理速度，推理速度提升 1.3~4 倍，且权重大小约为 fp8 的一半，特别适用于 6GB/8GB 显存（VRAM）的 GPU。这是因为 nf4 使用原生的低比特 CUDA 矩阵乘法操作，避免了类型转换，并应用了多种 CUDA 优化技巧。

  在实际使用中，如果显存容量充足，可以选择 fp16 版本以获得更好的图像质量；若显存较为紧张或需要更快的生成速度，则可以选择 fp8 或 nf4 版本。尽管 fp8 和 nf4 在速度上有优势，但在某些情况下可能会牺牲一些图像质量。总体而言，选择哪个版本取决于用户对图像质量和生成速度的需求以及硬件配置。

  与其他文生图模型相比，Flus 具有以下优势：

  （1）图像质量增强：Flux 模型生成的画面质量非常出色，如图 7-2 所示。

图 7-2 人物形象图

  提 示 词：African geisha warrior, gold foil, hyperrealistic 8K, porcelain woman, side profile, intricate black and gold patterns, flawless symmetry, ethereal beauty, Novuschroma style.

  对应的含义：非洲艺妓战士，金箔，超现实主义 8K，瓷器女性，侧脸，复杂的黑白金图案，完美对称，超凡脱俗的美丽，Novuschroma 风格。

> **备注** Novuschroma 是一种具有创新性，在色彩运用方面有独特表现的风格。

  （2）手部细节优化：与 Stable Diffusion 模型会生成畸形手指相比，Flux 模型在生成手部图像方面有明显改进，如图 7-3 所示。

第 7 章 Flux模型

图 7-3 Flux 模型生成手部细节图像的表现

提 示 词：Photograph, two smiling beautiful Korean female nurses wearing aqua scrubs making heart shape with arms, beautiful detailed face, black hair, pale skin, fair skin, realistic skin, detailed cloth texture, detailed hair texture, perfect proportion, beautiful face, accurate, anatomically correct, highly detailed face and skin texture , looking at viewer , modern hospital building, perfect anatomy.

对应的含义：照片，两位面带微笑的美丽韩国女护士穿着水绿色手术服，用手臂比心，面容精致，黑发，肤色苍白，肤质白皙，皮肤质感逼真，衣服纹理细腻，头发纹理清晰，比例完美，面容美丽，精确，解剖学正确，面部和皮肤纹理高度详细，注视着观看者，现代医院建筑，完美的解剖学。

（3）Flux 对文字的强大生成能力能够把复杂的文本用艺术化的形式准确表达出来，而同时期其他的 AI 图像工具往往只能识别简单的文字，如图 7-4 所示。这对于设计领域来说是一个非常重要的进步。

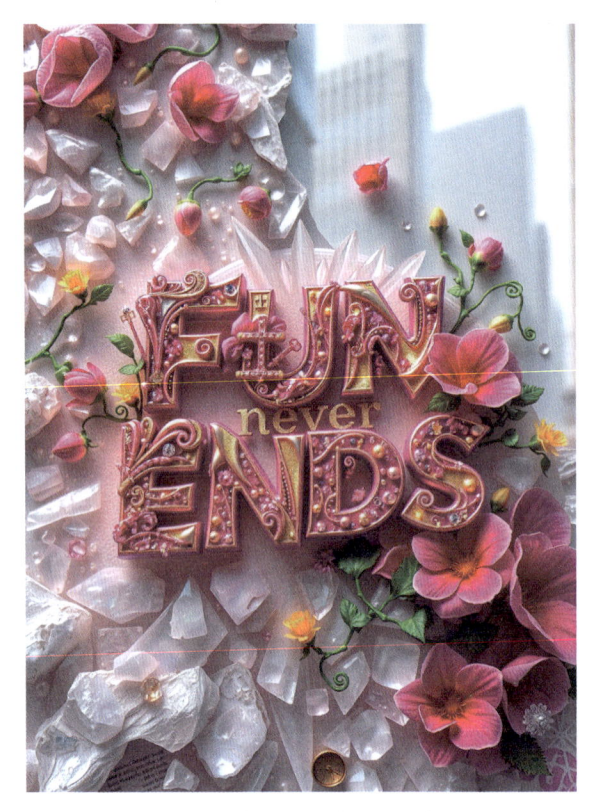

图 7-4 Flux 模型生成的含文字的图像

提示词：Vibrant, high-fashion photography featuring a elegant, floral-style graphic that masterfully intertwines vibrant petals art, green vines, and spiritual themes, set against a backdrop of pearlescent crystals, cityscape-inspired textures, with the phrase "FUN never ENDS" emblazoned in 3D, metallic, graffiti-style lettering, adorned with intricate, swirling patterns, with a predominantly light, vibrant color palette punctuated by flashes of bold reds and sunshine yellows, evoking a sense of feminine beauty, spiritual awakening, and empowerment.

对应的含义：生动时尚的摄影作品，展示了一种优雅、以花卉风格为主的视觉图像，巧妙地结合了鲜艳的花瓣艺术、绿色藤蔓和精神主题。背景为珍珠般光泽的水晶和城市景观启发的纹理，上面刻有 3D 金属涂鸦风格的"FUN never ENDS"，装饰着错综复杂的旋涡图案，以明亮、生动的色彩为主调，点缀着大胆的红色和阳光般的黄色，唤起一种女性美、精神觉醒和赋权的感觉。

（4）关键词语义理解的准确性的提高，使 Flux 模型能更好地理解一段话的内容，从而更准确地生成文字描述的图像。长段落提示词生成的图像如图 7-5 所示。

第 7 章 Flux模型

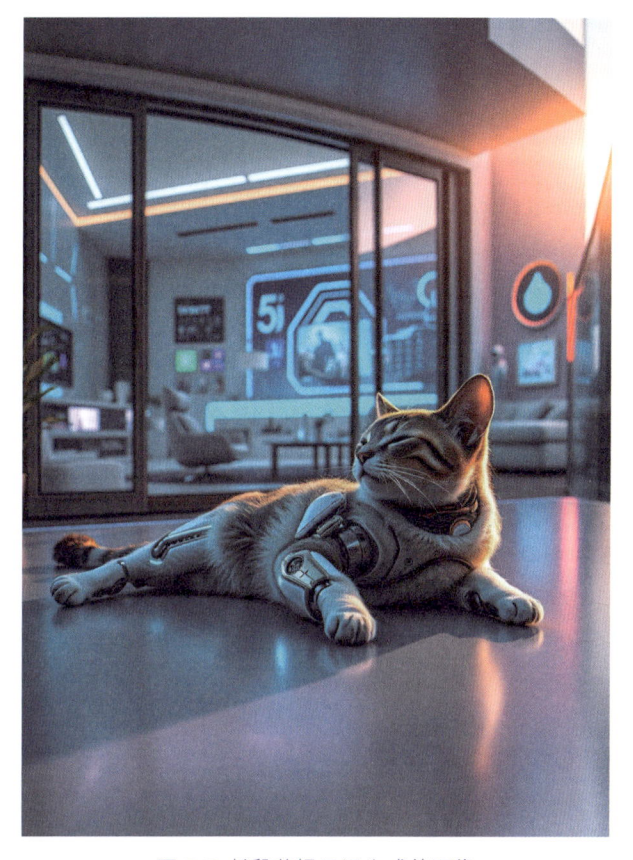

图 7-5 长段落提示词生成的图像

提 示 词：A futuristic cat lounges on a sleek balcony overlooking a high-tech living room where cutting-edge gadgets and intelligent furniture blend seamlessly with a space-age aesthetic. The cat's eyes are half-closed in blissful slumber as it stretches out on the floor, its mechanical enhancements glistening in the sunlight.

Behind it, the interior of the house is visible through the sliding glass door, showcasing a living room that appears to be from a utopian future. Holographic screens and LED strips cast a kaleidoscope of colors across the walls, where cybernetic devices like robots, androids, and virtual reality headsets are scattered about.

The cat's metallic limbs are visible beneath its fur-covered torso, with wires and circuits snaking out from beneath its skin, pulsing with a soft blue light. The air around it seems to shimmer with an otherworldly energy, as if the atmosphere itself is being manipulated by the cat's advanced cybernetic systems.

The overall mood of this serene scene is one of futuristic bliss, where technology and nature coexist in harmony. Vibrant blues and purples dominate the color palette, evoking a sense of calmness and tranquility. Soft, diffused lighting casts long shadows across the floor as the sun shines down on the cat's mechanical form.

As the eye lingers on this captivating scene, it becomes clear that this is no ordinary household ——it's a testament to human innovation and the limitless possibilities offered by technology. In this world of tomorrow, even the humblest of creatures can be transformed into something extraordinary with the right tools and creativity.

From the sleek balcony where the cat resides, to the futuristic living room below, every detail of this scene is imbued with a sense of serenity and wonder. The composition is balanced between the tranquil atmosphere of the balcony and the vibrant energy of the living room, creating a visually stunning representation of what could be possible in a future world.

The perspective in this scene is from a comfortable distance, allowing the viewer to take in the entire composition without feeling too close or too far away. This distance also emphasizes the sense of calmness and tranquility that pervades the scene, drawing the viewer into a sense of peaceful contemplation.

As we gaze upon this futuristic cat, lounging on its balcony with its mechanical enhancements glowing softly in the sunlight, we are reminded that even in a world of technology and innovation, there is still room for serenity and wonder。

对应的含义：一只未来派猫躺在光滑的阳台上，俯瞰着高科技的客厅，在那里，尖端的小工具和智能家俱与太空时代的美学完美融合。这只猫躺在地板上，半闭着眼睛，幸福地睡着了，它的机械装置在阳光下闪闪发光。

在它后面，通过滑动玻璃门可以看到房子的内部，展示了一个似乎来自乌托邦未来的客厅。全息屏幕和LED灯条在墙上投射出万花筒般的色彩，机器人、仿生人和虚拟现实耳机等控制设备散布期间。

猫的金属四肢在皮毛覆盖的躯干下清晰可见，电线和电路从它的皮肤下蜿蜒而出，闪烁着柔和的蓝光。它周围的空气似乎闪烁着一种超凡脱俗的能量，就好像大气本身被这只猫的先进控制系统所操纵。

这个宁静的场景的整体氛围传达了一种未来主义的幸福感，在这里，科技与自然和谐共存。充满活力的蓝色和紫色主导着调色板，唤起一种平静和安宁的感觉。当阳光照在猫的机械形态上时，柔和的漫射光线在地板上投下长长的阴影。

当人们的目光停留在这个迷人的场景上时，就会发现这不是一个普通的家庭——这是人类创新和技术提供的无限可能性的证明。在这个未来的世界里，即使是最不起眼的生物也可以通过正确的工具和创造力变成非凡之物。

从猫咪居住的光滑阳台,到楼下未来主义风格的客厅,这个场景的每一个细节都充满了宁静和惊奇的感觉。在阳台的宁静氛围和客厅充满活力的能量之间的构图是平衡的,创造了一个视觉上令人惊叹的未来世界的可能性。

这个场景的视角是一个舒适的距离,让观众可以在不太近或太远的情况下看到整个构图。这种距离也强调了弥漫在场景中的平静和宁静的感觉,吸引观众进入一种平静的沉思感。

当我们凝视着这只未来派猫时,它正懒洋洋地躺在阳台上,它的机械增强部分在阳光下发出柔和的光芒。这让我们意识到,即使在一个充满科技和创新的世界里,也仍然有宁静和奇迹的空间。

(5)艺术表现风格多样。Flux在写实、动漫、插画、水彩画等各方面均表现出色,如图7-6所示。

图7-6 抽象绘画

提 示 词：An abstract painting featuring a vibrant array of colors and shapes. There are swirls, geometric figures, and lines in various shades of red, yellow, orange, pink, black, and white. The composition is dynamic and lacks a clear focal point, which may suggest movement or chaos. The use of color and form creates an energetic and intense visual experience that could evoke different emotions or interpretations from the viewer.

对应的含义：一幅抽象画，以鲜艳的色彩和形状为特色。画中有漩涡、几何图形和线条，它们以不同的红色、黄色、橙色、粉红色、黑色和白色呈现。构图是动态的，没有明确的焦点，这可能暗示了运动或混乱。色彩和形式的运用创造了一种充满活力且强烈的视觉体验，这可能会引发观者不同的情感或解读。

（6）能呈现复杂的应用设计。由于 Flux 模型具有很强的综合能力，因此它能够完成较为复杂的成品设计，而其他的模型往往只能生成素材，难以同时满足图像、文字和排版设计的需求，如图 7-7 所示。

图 7-7 复杂的应用设计

提 示 词：Realistic photo style, highly detailed herbs golf ambiance, a title screen of a computer game called "Super Fox Golf Challenge". A blue eyes fox with realistic fur playing golf is pictured. In the bottom, there is a button captioned "START SINGLE", below it there is a button captioned "START

CAREER" and below it there is a button captioned "OPTIONS" and below it there is a button captioned "QUIT GAME" and below that there green ball club play golf highly detailed herbs. Tilt shift effect focus.

对应的含义：现实主义风格的照片，高细节的草地高尔夫氛围，一款名为"Super Fox Golf Challenge"的电脑游戏的标题画面。一只蓝色眼睛的狐狸，拥有逼真的皮毛，正在打高尔夫球。底部有一个按钮，上面写着"START SINGLE"，其下方是一个写着"START CAREER"的按钮，再下面是一个写着"OPTIONS"的按钮，再下面是一个写着"QUIT GAME"的按钮，最下面是细致描绘的草地和高尔夫球杆。焦点效果使用了倾斜秒位效果。

正是因为 Flux 优秀的图像生成能力，使得该模型一经开源便迅速获得了广大用户的好评。当然，与其他模型相比，Flux 用于其庞大的训练模型参数，生成图像时需要更多的显存和内存，生成图像的时间也比大部分模型长。

Flux 的官网网址为 https://blackforestlabs.ai/。

它在 GitHub 的发布页为 https://github.com/black-forest-labs/flux。

Flux 模型下载后，需按照开源发布页的说明把模型文件复制到对应的目录。

7.2 Flux 文生图的工作流

如果想直接使用 Flux 官方发布的工作流，只需获取相应工作流的 JSON 文件，并将其拖入 ComfyUI 页面内即可。Flux 模型文生图的工作流文件的下载地址为 https://comfyanonymous.github.io/ComfyUI_examples/flux/。

Flux 在 ComfyUI 的工作流示意图如图 7-8 所示。

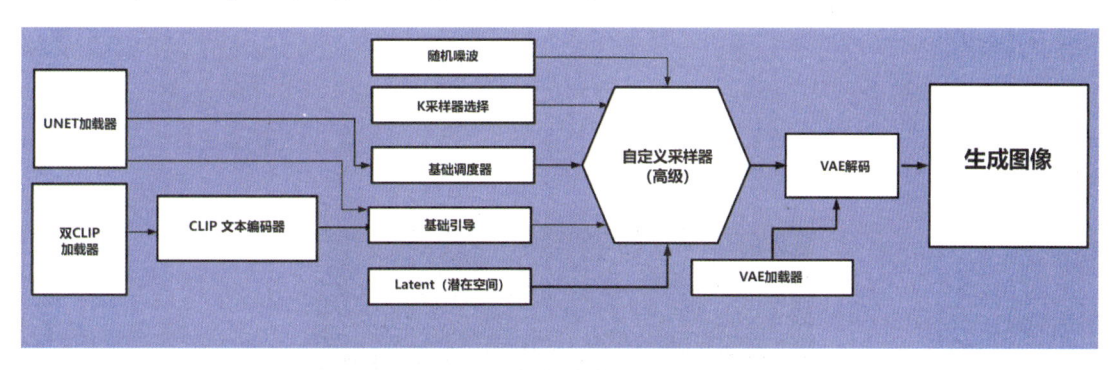

图 7-8 Flux 工作流的示意图

对应的 Flux 文生图的工作流如图 7-9 所示。

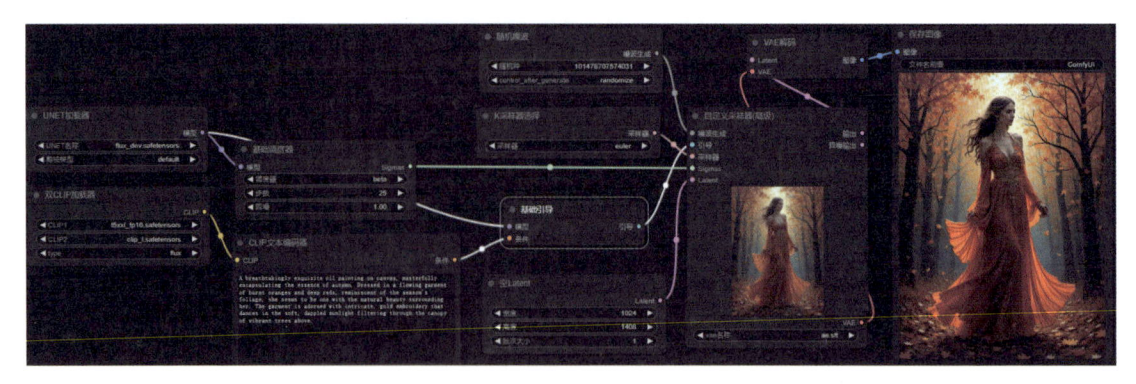

图 7-9 文生图工作流

提示词：A breathtakingly exquisite oil painting on canvas, masterfully encapsulating the essence of autumn. Dressed in a flowing garment of burnt oranges and deep reds, reminiscent of the season's foliage, she seems to be one with the natural beauty surrounding her. The garment is adorned with intricate, gold embroidery that dances in the soft, dappled sunlight filtering through the canopy of vibrant trees above.

对应的含义：一幅令人叹为观止的精致油画，巧妙地捕捉了秋天的精髓。她身着一袭流动的服饰，颜色是焦橙色和深红色，让人想起这个季节的树叶，她似乎与周围的自然美景融为一体。这件衣服上装饰着复杂的金色刺绣，在透过上方生机勃勃的树木的斑驳阳光中跳跃。

主要涉及的节点有以下 7 个：

1 UNET 加载器

"UNET 加载器"节点的功能包括初始化并加载 UNET 模型的结构与参数，帮助模型学习输入图像的特征，实现下采样以获取全局信息和上采样以恢复细节与分辨率，从而生成对输入图像的预测结果。它还能针对特定任务和数据集对模型参数进行微调和优化，为图像处理的深度学习应用（如图像分割等任务）提供关键支持，确保模型有效地处理和分析图像数据。"UNET 加载器"节点如图 7-10 所示。

图 7-10 UNET 加载器

2 双 CLIP 加载器

"双 CLIP 加载器"节点在图像处理和生成图的工作流中具有重要的作用。

- 模型加载：负责加载 CLIP 模型。该模型能够理解和处理文本与图像之间的关系。
- 特征提取：从输入的文本数据中提取特征信息。
- 文本与图像的关联：在图像生成或处理过程中，建立文本描述与生成或处理的图像之间的关联。
- 增强语义理解：提升系统对文本语义的理解能力，从而提高图像处理的准确性和合理性。

"双 CLIP 加载器"节点如图 7-11 所示。

图 7-11 双 CLIP 加载器

3 基础调度器

"基础调度器"节点负责协调和管理各个组件之间的工作流程与任务分配，通过合理调配资源，确保不同操作按照预定顺序和优先级执行。此外，它还监控数据的流动和处理进度，及时调整执行策略以应对可能出现的异常情况或性能瓶颈。同时，"基础调度器"节点还负责与外部环境进行交互和通信，接收输入的指令和数据，并准确输出处理结果。如果使用 shell 蒸馏模型来生成图像，建议将"基础调度器"节点的"步数"设置为 4，以提高图像的生成速度，如图 7-12 所示。

图 7-12 基础调度器

4 自定义采样器（高级）

"自定义采样器（高级）"节点将采样器、调度器、潜在空间等节点串联在一起，如图

7-13 所示。

5 基础引导

"基础引导"节点主要汇总 UNIT 加载器和文本编码器的作用，如图 7-14 所示。

图 7-13 自定义采样器（高级）

图 7-14 基础引导

6 随机噪波

随机噪波即随机种子，如图 7-15 所示。

7 K 采样器选择

Flux 模型的 K 采样器是核心组件之一，用于图像生成过程中的去噪。它可以根据给定的模型、正面和负面条件生成潜在图像的新版本。K 采样器通常与基础调度器配合使用，需要不停地测试与调整。本案例采用了默认的 Euler 和基础调度器 Beta 匹配使用，如图 7-16 所示。

图 7-15 随机噪波

图 7-16 K 采样器选择

最终的工作流如图 7-17 所示，我们制作了一个"小木人"的形象。

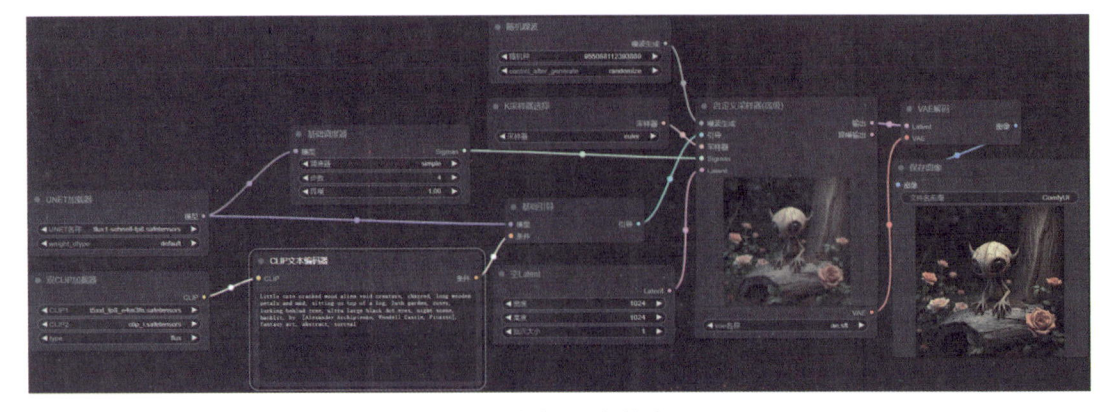

图 7-17 小木人案例的效果

提示词：Little cute cracked wood alien void creature, charred, long wooden petals and mud, sitting on top of a log, lush garden, roses, lurking behind tree, ultra large black dot eyes, night scene, backlit, by [Alexander Archipienko, Wendell Castle, Picasso], fantasy art, abstract, surreal.

对应的含义：可爱的小裂木异形虚空生物，焦黑色的，长长的木制花瓣和泥土，坐在一根原木上，繁茂的花园，玫瑰，躲在树后，超大的黑点眼睛，夜景，背光，由以下艺术风格：亚历山大·阿奇皮延科，温德尔城堡，毕加索，幻想艺术，抽象，超现实。

7.3 NF4 量化模型的应用

NF4 模型（见图 7-18）对硬件的要求较低，速度快，对计算机硬件配置低的用户非常友好，6GB 显存就能使用 NF4 模型，因而受到了网友的喜爱。

图 7-18 NF4 量化模型

NF4 模型的下载网址为 https://civitai.com/models/638187/flux1-dev-v1v2-flux1-schnell-bnb-nf4。

此外，Flux1-dev 或 Flux1-schnell 与 CLIP 和 VAE 是可以合并的，简化了工作流。NF4 属于合并模型，可以直接使用默认的文生图和图生图的工作流。

由于NF4是量化模型，因此不能直接使用"CheckPoint加载器"节点，需要安装量化扩展，下载的网址为 https://github.com/comfyanonymous/ComfyUI_bitsandbytes_NF4。

在工作流中，用"CheckpointLoaderNF4"节点（见图7-19）替换"Checkpoint加载器"节点，其他节点和默认文生图一致。

图7-19 "CheckpointLoaderNF4"节点

NF4模型的工作流如图7-20所示。NF4模型也可以与LoRA、ControlNet等功能结合使用，相关使用方法将在后文讲解。

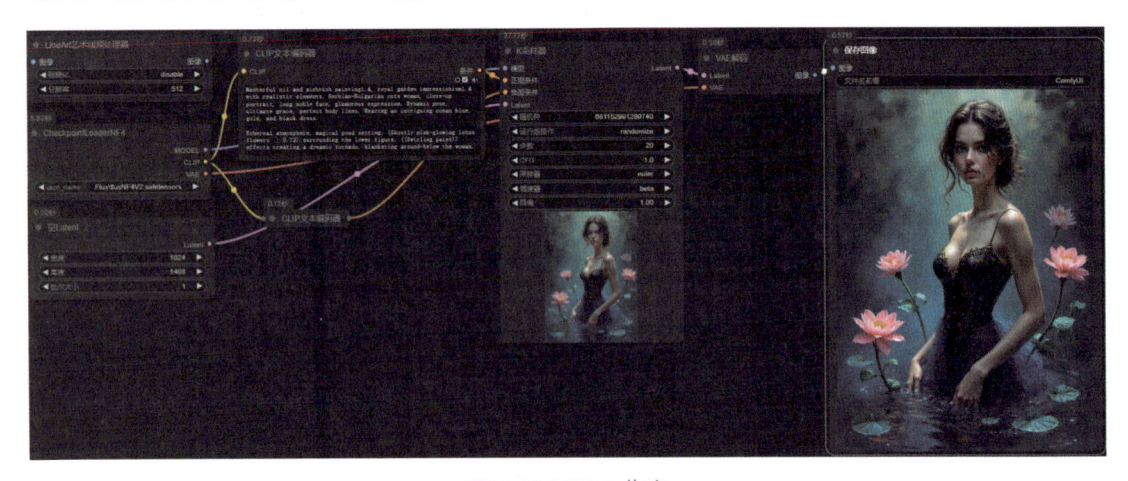

图7-20 NF4工作流

提示词：Masterful oil and airbrush painting, royal garden impressionism with realistic elements. Serbian-Bulgarian cute woman, close-up portrait, long noble face, glamorous expression. Dynamic pose, ultimate grace, perfect body lines. Wearing an intriguing ocean blue, gold, and black dress.

Ethereal atmosphere, magical pond setting. (Ghostly pink-glowing lotus flowers) surrounding the lower figure. (Swirling paint) effects creating a dynamic tornado, blanketing around-below the woman.

Art style fusion: Garmash, Jeremy Mann, John Waterhouse, Van Gogh. Hyper-detailed with dramatic lighting. Ultra-realistic high definition contrasted with intentionally (inaccurate wide paint strokes). blue-white silver.

Floral elements inspired by Charlie Bowater and Alexandra Fomina.

Additional character traits: Innovative, Resilient, Charismatic, Visionary, Trailblazing, Dynamic, Courageous, Influential, Passionate, Intelligent, Creative, Determined, Adventurous, Empathetic, Ambitious, Resourceful.

Quality modifiers: Ultra detailed, extremely detailed patterns, impressive digital art, specter-like quality.

对应的含义：高超的油画和喷枪绘画，融合了皇家园林印象派风格与现实元素。一位塞尔维亚-保加利亚的可爱女性，近景肖像，面容高贵而修长，表情迷人。姿态生动，优雅至极，身材线条完美。身穿一件引人入胜的海洋蓝、金色和黑色礼服。

超凡脱俗的氛围，神奇的池塘布景。（幽灵般的粉红色发光莲花）环绕在人物的下方。（旋转的绘画）效果创造出一个动态的旋风，环绕在女性的周围和下方。

艺术风格融合：Garmash、Jeremy Mann、John Waterhouse、Van Gogh。超高度的细节和戏剧性的照明。超现实高清与故意的（不准确的宽画笔）形成对比。蓝白色的银色。

花卉元素受到 Charlie Bowater 和 Alexandra Fomina 的启发。

附加角色特征：创新的、坚韧的、有魅力的、有远见的、开创性的、动态的、勇敢的、有影响力的、充满激情的、智慧的、有创造力的、坚定的、爱冒险的、有同情心的、有雄心的、足智多谋的。

质量修饰词：超详细、极其详细的图案、令人印象深刻的数字艺术、幽灵般的质感。

> **备注** 本案例加入了大量艺术家的名字，这是实现风格多样化的有用技巧。

7.4 Flux 的应用技巧

1 LoRA 模型的应用

本案例中使用的 LoRA 模型为 Derailer，它的主要功能是细节增强，如图 7-21 所示。它的下载网址为 https://civitai.com/models/685874。

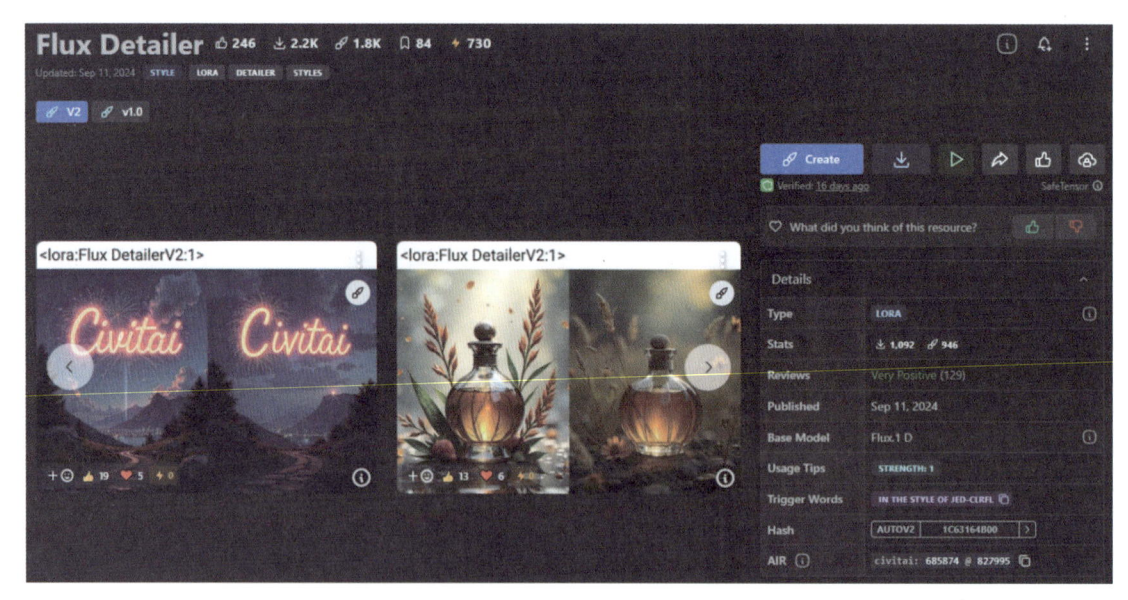

图 7-21 Derailer 模型

打开 7.2 节介绍的官方 Flux 文生图的工作流。若要在 Flux 模型中使用 LoRA，导入"LoRA 加载器"节点，并选择下载的 LoRA 模型。在本案例中，把权重"模型强度"设置为 0.8，节点连接如图 7-22 所示。

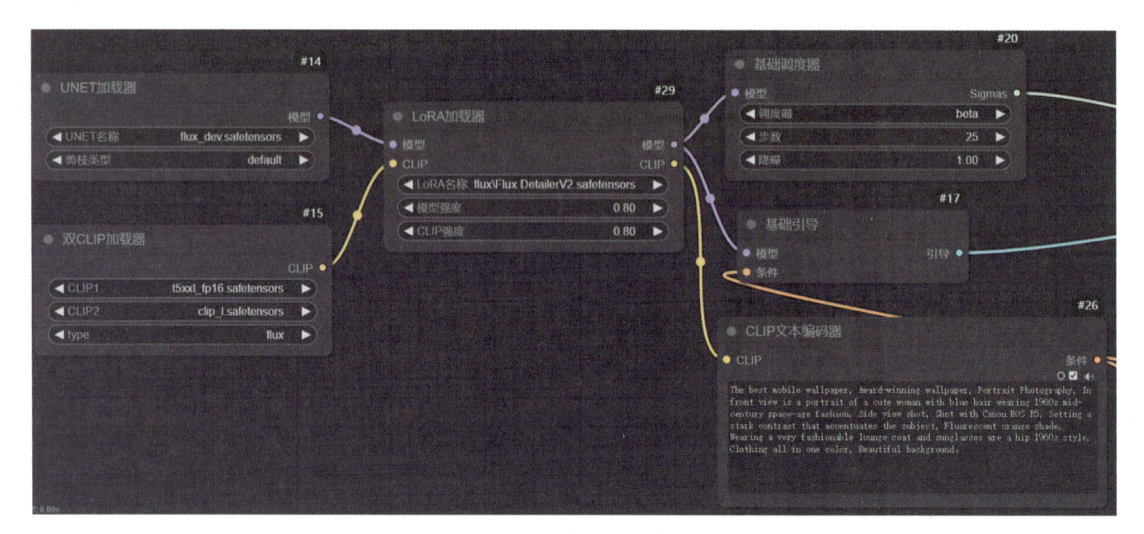

图 7-22 连接 LoRA 节点

最终的工作流和效果展示如图 7-23 所示。

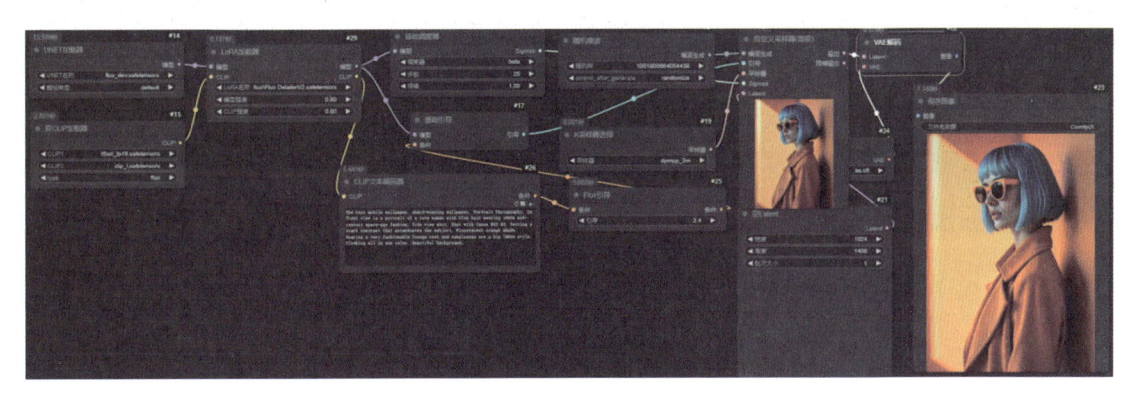

图 7-23 LoRA 工作流及其效果

提示词：The best mobile wallpaper, award-winning wallpaper, portrait photography, in front view is a portrait of a cute woman with blue hair wearing 1960s mid-century space-age fashion, side view shot, shot with Canon EOS R5, setting a stark contrast that accentuates the subject, fluorescent orange shade, wearing a very fashionable lounge coat and sunglasses are a hip 1960s style, clothing all in one color, beautiful background.

对应的含义：最佳手机壁纸，获奖壁纸，肖像摄影，在画面前方是一位蓝发可爱女士的肖像，她穿着 20 世纪 60 年代的太空时代时尚服装，侧视拍摄，使用 Canon EOS R5 拍摄，设置了鲜明的对比以突出主体，荧光橙色调，穿着的非常时髦的休闲外套和太阳镜是 20 世纪 60 年代的风格，服装颜色统一，美丽的背景。

2 "Flux 引导"节点的应用

由于 Flux 不支持负面提示词，因此其 CFG 参数值默认为 1，CFG 参数不起作用，"Flux 引导"节点相当于 CFG 的作用。

Flux 的引导（guidance）参数是控制文本提示词与图像质量 / 多样性之间平衡的重要参数。较高的引导参数值会使得输出图像更贴近于提示的内容，但可能会降低图像的整体质量。相反，较低的引导参数值允许模型有更多的创造性，但可能会生成与提示词不太相关的结果。在引导参数平台上使用 Flux 模型时，引导参数的默认值是 3.5。

打开 7.2 节的官方工作流，将"Flux 引导"节点连接到"CLIP 文本解码器"与"基础引导"节点之间，如图 7-24 所示。

图 7-24 Flux 引导节点

图 7-25 展示了在 1、3.5 和 5 三个引导参数下的画面效果。

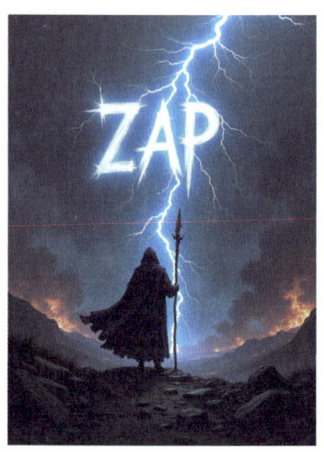

图 7-25 引导参数对画面的影响

提 示 词：Epic fantasy scene, epic fantasy action scene, devastated fantasy landscape, a cloaked sorcerer is raising his staff towards the sky, lightning magic, apocalyptic storm magic, the lightning writes the word "ZAP" in the sky.

对应的含义：史诗般的奇幻场景，史诗般的奇幻动作场景，荒凉的奇幻风景，一位披着斗篷的巫师正将他的法杖举向天空，闪电魔法，启示录般的风暴魔法，闪电在天空中写下了"ZAP"这个词。

3 ControlNet 的应用

Flux 支持 ControlNet 的应用。有很多工作室训练了 ControlNet 模型，XLabs 是其中之一，下载 ControlNet 模型的网址为 https://huggingface.co/ XLabs-AI/。

下载完成后，将文件复制到目录：\ComfyUI\models\ControlNet。

打开第 7.3 节介绍过的 NF4 工作流，Flux 模型的 ControlNet 的用法和默认工作流中的

ControlNet 的用法类似。图 7-26 为 ControlNet 在工作流中的用法。

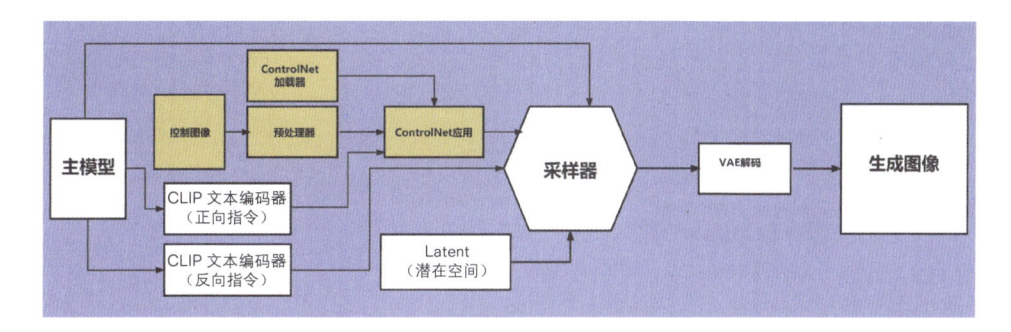

图 7-26 ControlNet 在工作流中的用法

本案例从 pinterest.com 下载了鱼的素材图，主模型采用了 NF4 模型，ControlNet 控制器采用了 Canny，预处理器采用了"细致线处理器"，权重设置为 0.6，最终的效果图如图 7-27 所示。

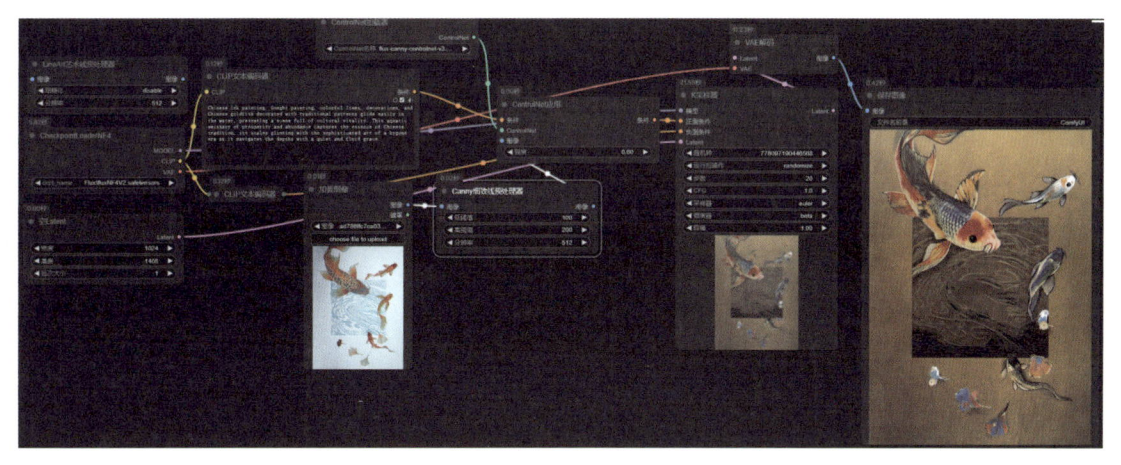

图 7-27 最终的效果图

提示词：Chinese ink painting, Gongbi painting, colorful lines, decorations, and Chinese goldfish decorated with traditional patterns glide easily in the water, presenting a scene full of cultural vitality. This aquatic emissary of prosperity and abundance captures the essence of Chinese tradition, its scales glinting with the sophisticated art of a bygone era as it navigates the depths with a quiet and fluid grace.

对应的含义：中国水墨，工笔画，彩色线条，装饰，以及装饰着传统图案的中国金鱼在水中轻松滑行，展现了一幅充满文化活力的场景。这个象征繁荣和富足的水中使者抓住了中国传统的精髓，它的鳞片闪烁着古老时代复杂艺术的光芒，它以一种宁静而流畅的优雅姿态在水深处穿梭。

Flux 模型因其强大的语言理解和文本控制能力，以及在生成高质量图像方面的显著优势，受到了用户的广泛好评。随着生态圈的发展，LoRA、ControlNet会支持得更好，将有越来越多的优化模型呈现。

Flux模型代表了AI图像生成技术的新高度，为用户提供了一系列强大的工具，实现了高质量的图像生成和创意表达。

7.5 思考与练习

1. 思考题：Flux模型的NF4版本有什么特点？
2. 上机内容：用Flux生成一个中学生的肖像。
3. 上机内容：用Flux结合ControlNet生成一个中国龙的形象。

第8章 Chapter ComfyUI 视频

AI 绘画：
Stable Diffusion ComfyUI
的艺术

本章概述

本章将介绍 AI 视频的现状、ComfyUI 视频模型的类型、常见工作流的搭建，以及 AI 视频应用中的一些技巧。

本章重点

- 掌握可灵的用法
- 掌握 AnimateDiff 视频的技巧

8.1 AI 视频的发展

近年来，AI 视频技术经历了快速发展，现已成为 AI 产业中的关键技术之一。从技术迭代的角度来看，AI 视频生成技术已经从早期的 GAN（生成对抗网络）和 VAE（变分自编码器）发展到了 Transformer（变换器）和 Diffusion（扩散）模型，并进一步融合为 DiT 架构（Transformer+Diffusion）。这使得视频生成在质量上有了显著提升。AI 视频生成技术的应用场景非常广泛，包括但不限于影视制作、广告营销、短视频创作、电商、动漫、教育和医疗等领域。

目前市场上的主要 AI 视频生成产品各具特色。例如，OpenAI 推出的 Sora 模型结合了 Transformer 和 Diffusion 模型，能够生成高质量且逼真的视频。同时，国内外许多科技公司，如 Google、Meta、字节跳动、阿里巴巴、腾讯、快手、百度等，都在积极布局 AI 视频生成领域，并推出了各自的模型和产品。

AI视频生成技术的发展正在推动短视频市场的变革，AI在视频领域的影响力将越来越大。

1 Sora

2024年，OpenAI发布了一款名为Sora的AI视频生成模型，在人工智能领域引起了巨大轰动。Sora模型能够根据文本提示词生成长达60秒的连贯视频，这远远超过了当时行业内平均只有4秒的视频生成能力。图8-1展示了Sora的经典作品《东京街道的女人》。

图8-1 东京街道的女人

官方提示词：A stylish woman walks down a Tokyo street filled with warm glowing neon and animated city signage. She wears a black leather jacket, a long red dress, and black boots, and carries a black purse. She wears sunglasses and red lipstick. She walks confidently and casually. The street is damp and reflective, creating a mirror effect of the colorful lights. Many pedestrians walk about.

对应的含义：一位时尚女性走在东京的街道上，街道两旁是温暖的发光霓虹灯和生动的城市招牌。她穿着一件黑色皮夹克，一条长长的红裙子，黑色靴子，并携带着一个黑色手提包。她戴着太阳镜，涂着红色的口红。她自信且随意地走着。街道潮湿且具有反射性，创造出多彩灯光的镜面效果。许多行人来来往往。

要生成稳定的视频，需要结合最新的 DiT 技术。DiT 即 Diffusion Transformer，是一种基于 Transformer 架构的扩散模型。相比传统的 UNet 架构，DiT 具有更好的扩展性，有助于进一步提升模型生成的质量和效率。

DiT 是一种结合去噪扩散概率模型（DDPMs）和 Transformer 架构的新型扩散模型，用于生成高保真度的图像和视频。其核心思想是使用 Transformer 作为扩散模型的骨干网络，替代传统的卷积神经网络（如 UNet），以处理图像的潜在表示。这种模型通过 Transformer 的自注意力机制来处理潜在表示，能够捕捉图像的长距离依赖关系，从而生成高质量的图像。

DiT 的工作流程包括数据预处理、噪声引入、模型训练以及最终的图像或视频生成。在预处理阶段，图像或视频数据被转换为模型可以处理的格式，例如将图像切分成固定大小的块，然后转换为特征向量。在噪声引入阶段，在预处理后的特征向量上逐步引入噪声，形成噪声增加的扩散过程。在模型训练阶段，DiT 学习如何逆转噪声增加的过程，即从噪声数据中恢复出原始数据。最后，在图像或视频生成阶段，将噪声数据输入模型进行处理，生成新的图像或视频。

Sora 的发布被认为是朝着实现通用人工智能（AGI）迈出的重要一步，因为它展示了人工智能开始具有理解真实世界场景并与之互动的能力。Sora 模型采用了与 GPT 模型相似的 Transformer 架构，并通过视觉补丁（patch）的方式处理视频数据，类似于文本中的词元（token）。这种表示方法使得 Sora 能够接受不同持续时间、纵横比和分辨率的视频和图像的训练。

截止到 2024 年 8 月，Sora 尚未正式向普通用户发布。作为 OpenAI 的一款革命性 AI 视频生成模型，它不仅展现了技术上的突破，也引发了关于 AI 技术应用、伦理和社会影响的广泛讨论。

2 即梦 AI

即梦 AI 是由字节跳动剪映团队研发的一款 AI 视频和图片生成工具，它提供了 AI 绘画创作、视频创作、智能画布和故事创作等多种功能。用户只需输入简单的文案或图片，就可快速生成流畅的视频片段，并能通过创新的首帧和尾帧图片输入方式来增强视频生成的可控性。此外，即梦 AI 还支持中文提示词，具备良好的语义理解能力，能够将用户的想法转化为视觉作品。

即梦 AI 的智能画布功能允许用户对图片进行二次创作，包括局部重绘、一键扩图、图像消除和抠图等操作。平台还提供了一个创意社区，用户可以在社区中捕捉灵感，与其他用户交流创意。即梦 AI 的创作页面如图 8-2 所示。

图 8-2 即梦 AI 网页

即梦 AI 的网址为 https://jimeng.jianying.com。

即梦 AI 具有图像生成和视频生成两大功能。我们先用"图片生成"制作素材。

01 在即梦AI首页单击"AI作图"中的"图片生成"按钮，弹出"图片生成"面板，如图8-3所示。

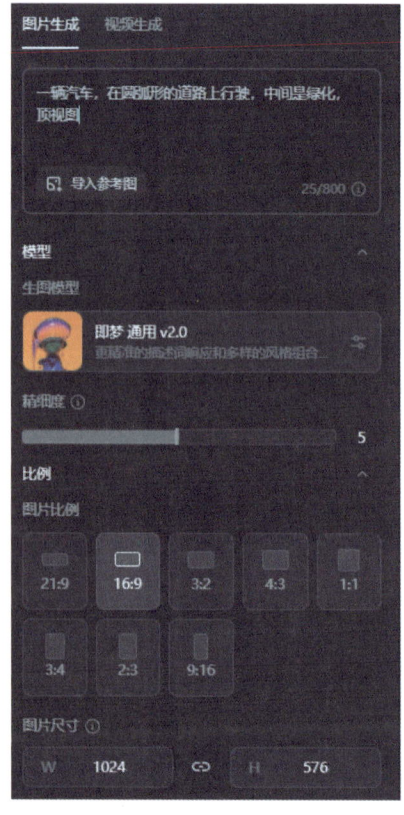

图 8-3 "图片生成"面板

第 8 章 ComfyUI视频

02 输入提示词"一辆汽车，在圆形的道路上行驶，中间是绿化，顶视图"，选择"16:9"的比例。即梦会生成四幅图像。其中的一幅如图8-4所示。

图 8-4 即梦 AI 生成的图像

03 将鼠标指针移动到生成的图像之上，在显现的工具图标中单击"生成视频"按钮，如图8-5所示。

图 8-5 单击"生成视频"按钮

04 网页会切换到"图片生视频"面板，此时增加提示词"汽车在道路上行驶"，如图8-6所示。增加的提示词会引导视频的生成。

图 8-6 "图片生视频"面板

183

在"图片生视频"面板上有丰富的参数可供调节,如图 8-7 所示。

图 8-7 "图片生视频"面板上的参数

该面板中的参数"动效面板"用于人为增加动画效果;"运镜控制"能引导摄影机运动,如图 8-8 所示;"运动速度"用于设置运动的快慢。

在"基础设置"中,"标准模式"下的动画幅度较小,"流畅模式"下的动画幅度较大。"生成时长"允许选择 3 秒、6 秒、9 秒或 12 秒。

第 8 章 ComfyUI视频

图 8-8 运动镜头的控制面板

05 "动效面板"只支持宽屏图像。进入"动效面板"后，AI会自动分割画面元素。在本案例中，它提取了汽车元素，并以绿色显示，如图8-9所示。

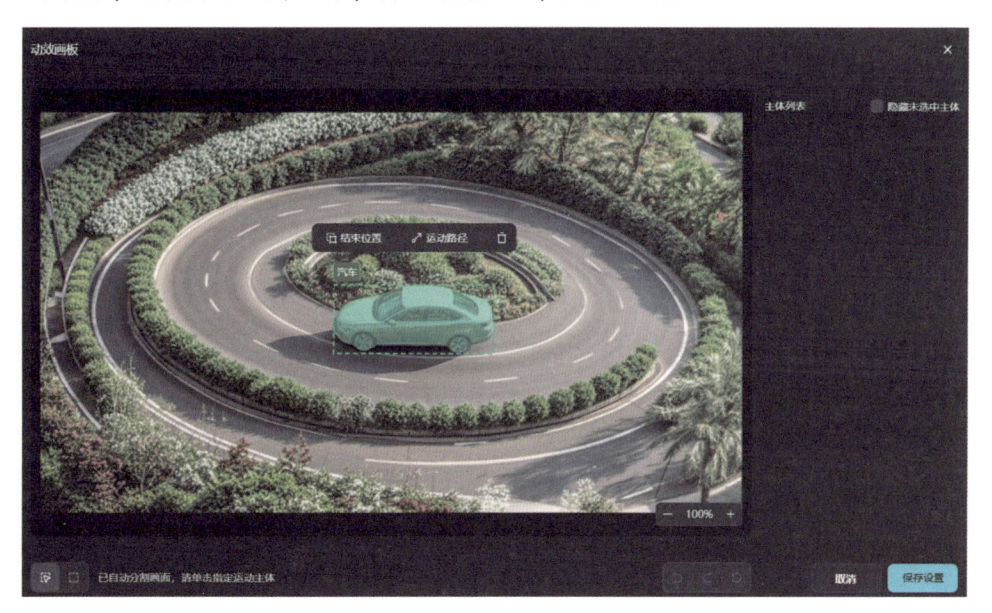

图 8-9 动效面板

06 选择汽车后，可以用鼠标绘制运动路径，如图8-10所示。

185

图 8-10 用鼠标绘制运动路径

07 保存设置后生成视频，汽车会沿着路径运动，如图 8-11 所示。

图 8-11 动画视频的效果

即梦还支持"文本生视频"，具体操作如下：

01 选择"文本生视频"选项，输入提示词"一辆汽车在未来城市的隧道中飞速行驶"，如图 8-12 所示。

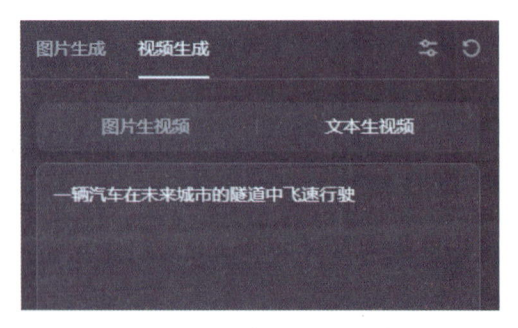

图 8-12 "文本生视频"面板

第 8 章 ComfyUI视频

02 对镜头运动进行控制，如图8-13所示。

03 由于汽车运动速度较快，因此选择"流畅模式"，选择"视频比例"为"16:9"，如图8-14所示。

图 8-13 对镜头运动进行控制

图 8-14 选择用于生成视频的参数

生成的视频画面如图 8-15 所示，展示了汽车在隧道中急速行驶的场景。

图 8-15 生成汽车视频

在使用图生视频功能时，如果采用图像素材生成视频，系统会弹出"参考图"面板，如图 8-16 所示。该面板允许用户单独提取风格、轮廓、姿势等，并融入了类似 ControlNet 的功能，读者可自行尝试。

图 8-16 "参考图"面板

即梦 AI 的功能还在不断提升，标志着字节跳动公司在 AI 视频工具领域的进一步深入。即梦 AI 不仅提供了一个强大的创作工具，还可能对短视频平台的内容生态产生积极影响，帮助平台吸引和培养更多的内容创作者。

2024 年 9 月 24 日，字节跳动旗下的火山引擎在深圳举办了 AI 创新巡展，发布了豆包视频生成大模型 -PixelDance 和 -Seaweed，现已开启邀测。

3 可灵 AI

可灵 AI 是由快手公司推出的一款 AI 视频生成工具，它能够根据用户的文字描述自动生成视频内容，支持生成长达 2 分钟、1080p 分辨率的视频，并且用户可以自由定制视频的宽高比。可灵 AI 具备将静态图片生成动态视频的功能，为内容创作者提供了强大的工具。此外，可灵 AI 还提供了运镜控制、自定义首尾帧等高级功能，进一步增强了视频内容的个性化和吸引力。

第 8 章 ComfyUI 视频

可灵的官方网址为 https://klingai.kuaishou.com，打开网页后的界面如图 8-17 所示。

图 8-17 可灵 AI 的官方网页

01 选择"AI视频"选项，进入"文生视频"面板，输入提示词"一个霸王龙在繁华的城市街道上行走"，如图8-18所示。

图 8-18 可灵 AI 的"文生视频"面板

189

02 在"运镜控制"参数中,可选择6种不同的镜头运动方法,如图8-19所示。

03 可灵允许输入负面提示词,类似于AI生成图像的原理。用户可以输入需要排除的内容,也可以不提供负面提示词。本案例中输入了一些通用词汇,如图8-20所示。

图 8-19 可灵 AI 的镜头运动选项

图 8-20 可灵 AI 的负面提示词面板

04 单击"立即生成"按钮后,几分钟内即可生成视频。可灵AI擅长生成写实风格的视频,生成效果如图8-21所示。如果是可灵AI的"正式会员",还可以延长生成视频的时长。

图 8-21 可灵 AI 生成的恐龙视频

选择"图生视频"功能,用户就可以上传自己的图片作为素材来生成视频。在下面的案例中我们上传如图 8-22 所示的小猫图片。

第 8 章 ComfyUI视频

图 8-22 生成视频的图片素材

其他参数保持默认设置，单击"立即生成"按钮后，生成的视频效果如图 8-23 所示。

图 8-23 可灵 AI 图生视频的效果

可灵 AI 生成的视频质量非常出色，尤其在图生视频方面，它支持各种风格的图生视频，展现了快手公司在 AI 领域的全面布局。可灵 AI 的上线为短视频创作者提供了一个全新的创作平台，使得创作者可以更加便捷地制作出高质量的视频内容。

4 清影 AI

清影 AI 是智谱 AI 公司推出的一款 AI 视频生成工具，它能够根据用户输入的文本或图片快速生成视频内容。用户只需输入一段文字描述，并选择希望呈现的视频风格，如卡通 3D、黑白、油画或电影感等，清影 AI 即可生成相应风格的视频片段。此外，用户也可以上传图片，由清影 AI 生成视频，这为广告制作、剧情创作、短视频创作等提供了全新的可能性。

清影 AI 的官方网址为 https://chatglm.cn/video。

进入官方网页后，我们可以发现智谱清言是一个综合性的大语言模型，AI 视频生成是它的功能之一。选择"清影智能体 -AI 生视频"后，进入视频制作面板，如图 8-24 所示。

图 8-24 清影 AI 的网页

和即梦 AI、可灵 AI 类似，清影 AI 同样具备文生视频和图生视频的功能，如图 8-25 所示。

01 在"文生视频"面板输入提示词"一只兔子正在弹吉他"。

02 "进阶参数"提供了多个选项，包括"视频风格""情感氛围"和"运镜方式"，如图 8-26 所示。

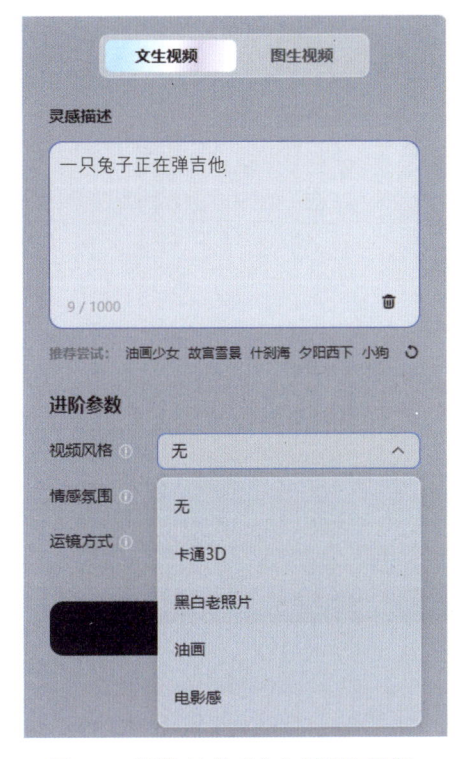

图 8-25 清影 AI 的"文生视频"面板

图 8-26 清影 AI 的进阶参数

各参数的具体设置如图 8-27 所示。

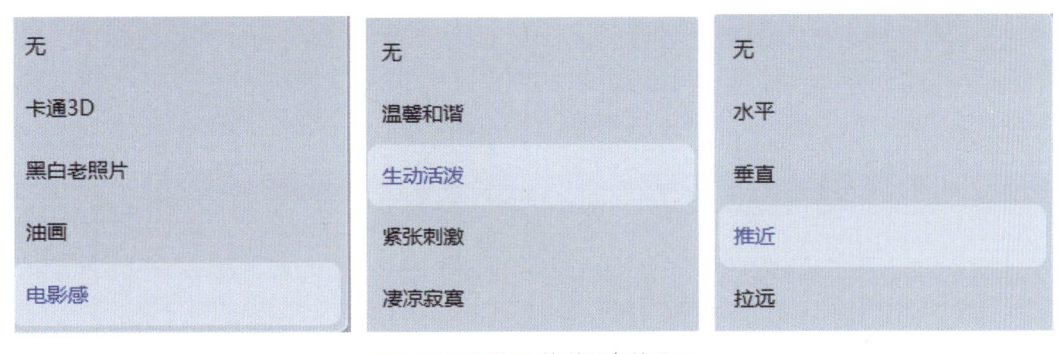

图 8-27 清影 AI 的详细参数设置

03 最后的生成结果如图 8-28 所示，生成了一只兔子弹吉他的视频。

193

图 8-28 清影 AI 生成的视频

下面使用清影 AI 的图生视频功能。

01 进入"图生视频"面板，上传一幅"红马"的素材图片，如图8-29所示。

图 8-29 上传用于生成视频的图片素材

02 根据图片输入提示词"一匹马在河里奔跑",如图8-30所示。

图8-30 在清影 AI 中输入提示词

在编写文生视频或图生视频的提示词时,注意提示词应包含"动感"主题词,以引导视频的生成。图片素材应包含运动趋势,如飘动的头发、迈开的腿或不平整的路面等,这样的细节描述有助于提升视频的效果。

03 清影AI生成的视频如图8-31所示。

04 清影还支持为生成的视频添加背景音乐,它提供的可选背景音乐十分丰富,如图8-32所示。

图 8-31 清影 AI 生成的视频

图 8-32 清影 AI 提供可选的背景音乐

第 8 章 ComfyUI 视频

清影 AI 依托智谱的大语言模型，随着大语言模型技术的不断进步，清影 AI 的生成能力将进一步提升。2024 年 9 月初，智谱开源了 CogVideoX-5B，相比 CogVideoX-2B，它在视频生成质量和视觉效果上有了显著提升，能够生成具有一定质量的、逼真的视频内容。清影 AI 未来有望支持生成更长时长和更高分辨率的视频，满足短视频制作、广告生成甚至电影剪辑等多种需求。

在 AI 视频领域，除了上述各种视频生成工具，国内还有几个基于 DiT 技术的强大工具，如 MiniMax 公司开发的海螺 AI，阿里云推出的通义万相 AI，智象未来科技有限公司推出的智象未来 AI，生数科技联合清华大学发布的 Vidu AI，爱诗科技推出的 PixVerse AI，商汤科技推出的 Vimi，以及阿里巴巴达摩院推出的寻光等。这些工具的用法与前面介绍的工具类似，体现了国内 AI 蓬勃发展的态势。

在国际上，Luma AI 的 Dream Machine 是一款备受关注的 AI 视频生成模型，它能够通过文本提示词和图片来生成高质量、逼真的视频内容；而且 Dream Machine 基于一个可扩展、高效的多模态变换器架构，直接在视频数据上进行训练，可以生成物理上准确且动作连贯的视频。它能够以每秒 120 帧的速度生成 5 秒的视频片段，生成的视频在动作的流畅性和戏剧效果方面可以与电影视频媲美。

Luma AI 的官方网址为 https://lumalabs.ai/dream-machine，官网首页如图 8-33 所示，用户可以用积分体验 AI 视频生成。

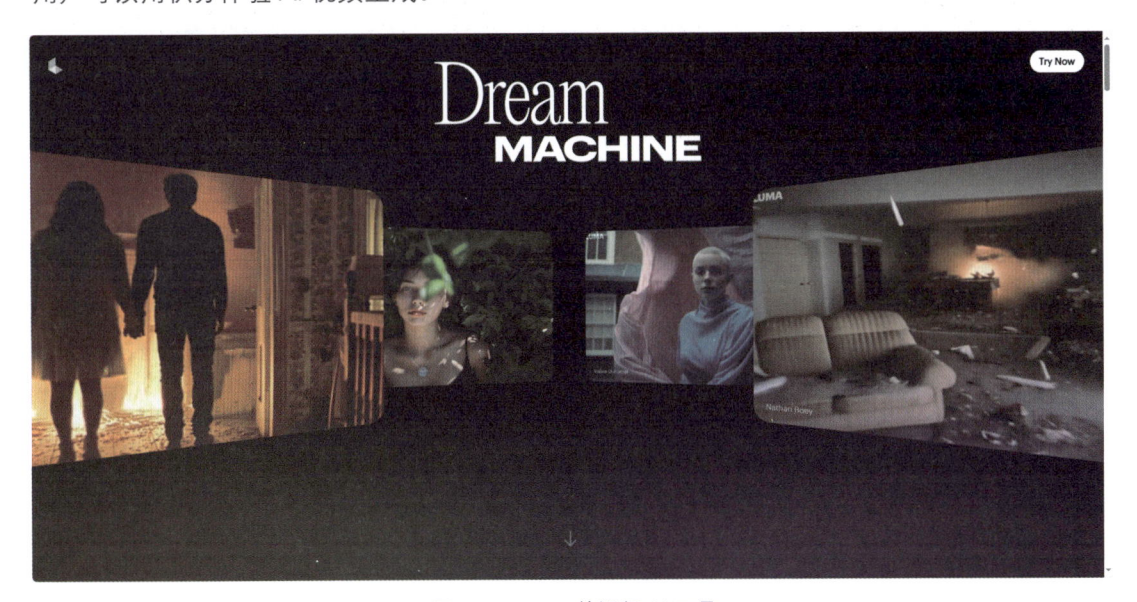

图 8-33 Luma 的视频 AI 工具

此外，Runway Gen 3 是 Runway 公司推出的最新版本的 AI 视频生成工具，它在视频的细节精致度和流畅性上都有了显著提升。Runway Gen 3 Alpha 版本已向付费用户开放公测，用户可以通过该工具体验最新 AI 视频生成技术的成果。

Runway 的官方网址为 https://app.runwayml.com/video-tools，官网首页如图 8-34 所示。

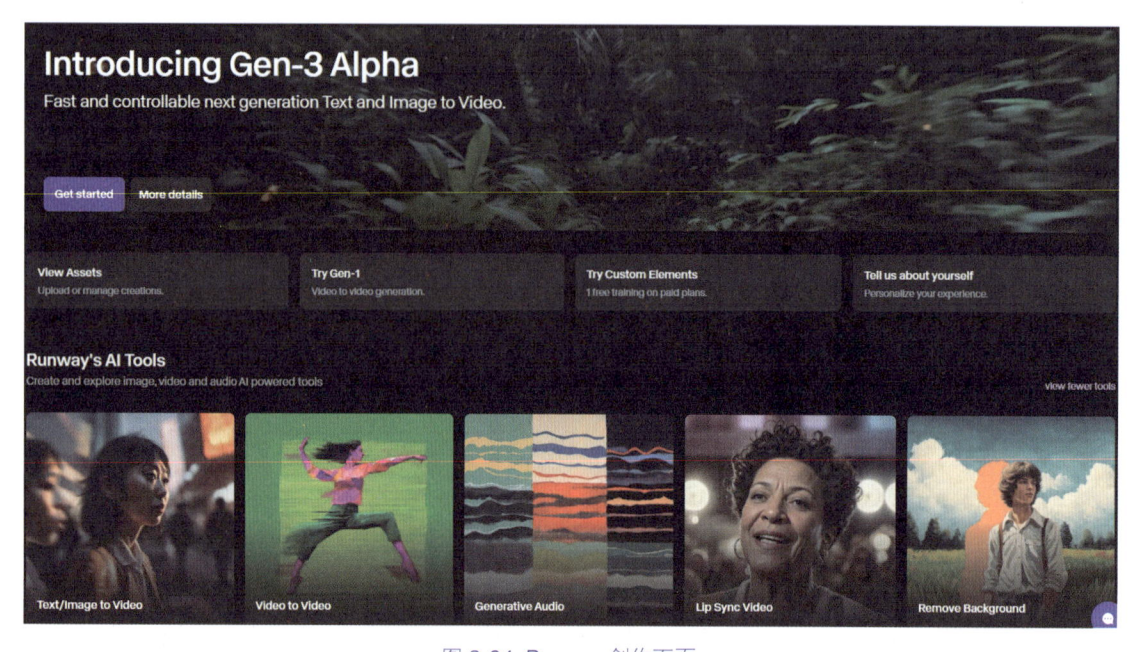

图 8-34 Runway 创作页面

8.2 SVD 模型

Stable Video Diffusion（SVD）模型是 Stable Diffusion 模型的扩展。作为一个视频生成模型，它能够从静态图像生成动态视频。SVD 模型利用扩散模型实现这一功能，并在视频生成的连贯性、清晰度和自然度上都有显著提升。该模型经过训练，能够在给定背景帧的情况下生成短视频片段，展现出从静态到动态的转变能力。

SVD 模型工作流的示意图如图 8-35 所示。

在 ComfyUI 中，SVD 模型的工作流主要涉及三个新节点。其中"Checkpoint 加载器（仅图像）"用于导入 SVD 主模型，如图 8-36 所示。

第 8 章 ComfyUI 视频

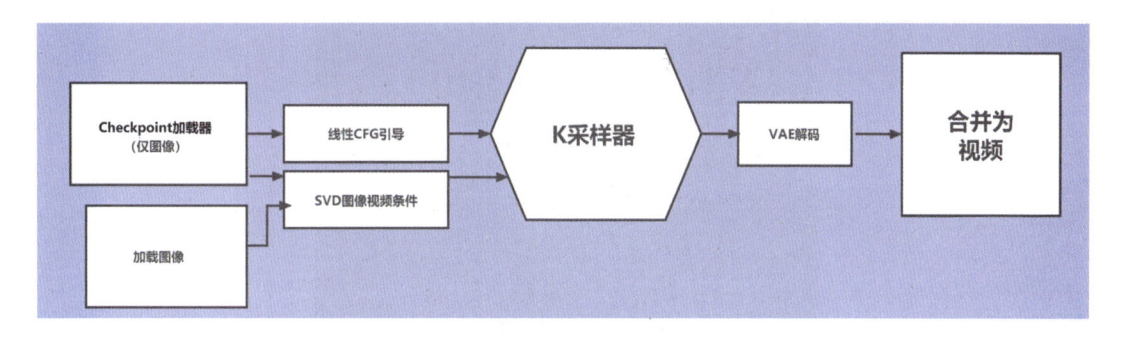

图 8-35 SVD 工作流示意图

图 8-36 "Checkpoint 加载器（仅图像）"节点

在"SVD_图像到视频_条件"节点中，可以设置分辨率、帧数和帧率，如图 8-37 所示。

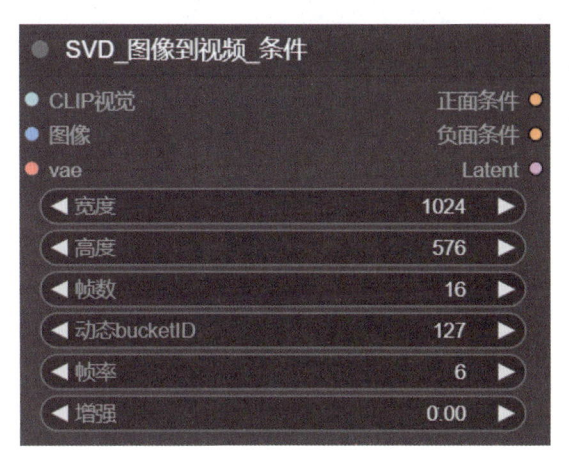

图 8-37 "SVD_图像到视频_条件"节点

"合并为视频"节点是"Video Helper Suite（视频助手）"扩展提供的节点，AI 视频工作流通常都会使用这个节点。该节点主要用于设置视频的帧率、文件名和格式等，如图 8-38 所示。

图 8-38 "合并为视频"节点

SVD 的视频工作流如图 8-39 所示。

图 8-39 SVD 工作流

SVD 能够生成随机抽取的图生视频，但由于不支持提示词控制，因此缺乏稳定性和可控性。

8.3 AnimateDiff

ComfyUI 的 AnimateDiff 是一个用于生成动画的框架，它能够将个性化的文本到图像扩散模型扩展为动画生成器。

AnimateDiff 在 GitHub 的发布页为 https://github.com/Kosinkadink/ComfyUI-AnimateDiff-Evolved。

第 8 章 ComfyUI 视频

要使用 ComfyUI 的 AnimateDiff，用户需要具备搭载了 NVIDIA 显卡的 Windows 计算机，并且显存容量至少为 8GB。安装过程包括下载并安装 ComfyUI 及其所需的插件和节点，如 ComfyUI-AnimateDiff-Evolved、ComfyUI-VideoHelperSuite 和 ComfyUI-Advanced-ControlNet。

AnimateDiff 的技术原理是通过扩散模型算法生成动态视频，其中运动模型（motion model）实时跟踪人物动作和画面改变。在 ComfyUI 中，AnimateDiff 可以通过文本提示或现有视频帧生成动画，支持多种动画效果，并允许用户通过文本描述来控制动画的内容和风格。

AnimateDiff 的工作流示意图如图 8-40 所示。

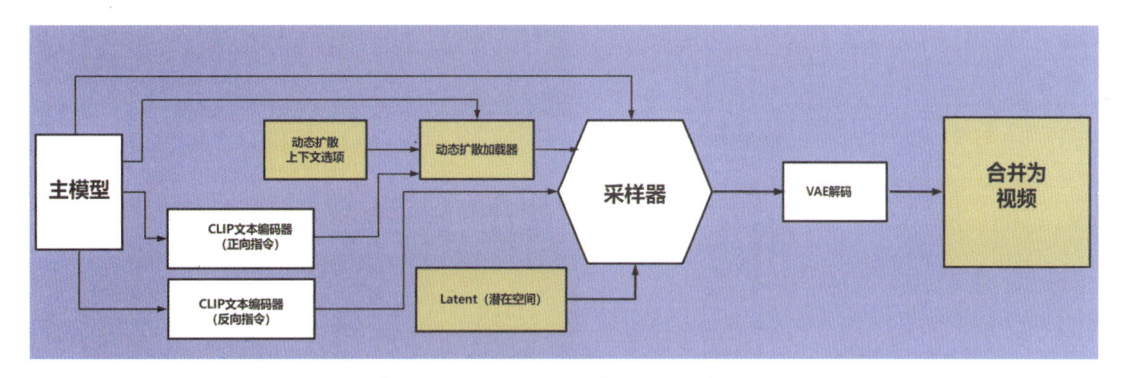

图 8-40 AnimateDiff 的工作流示意图

在导入默认的文生图工作流后，需要创建 AnimateDiff 相关的节点。图 8-41 所示为"动态扩散加载器"节点，主要用于加载对应的 AnimateDiff 模型。SD1.5 模型有 2 和 3 版本，SDXL 模型有 Beta 版本，模型的版本需要与主模型匹配。

图 8-41 "动态扩散加载器"节点

"动态扩散上下文选项"节点的主要功能是让超过 16 帧的长视频更稳定,如图 8-42 所示。

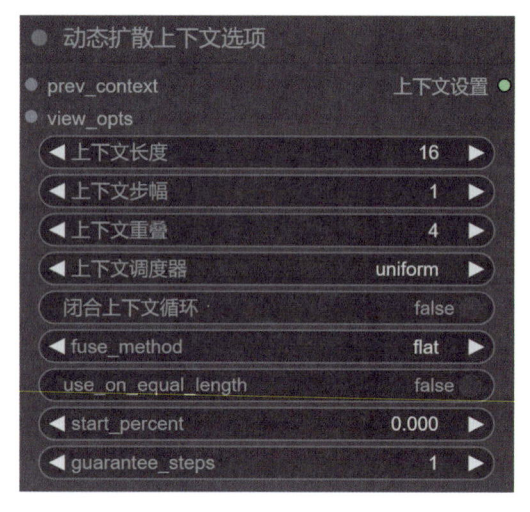

图 8-42 "动态扩散上下文选项"节点

"空 Latent"节点可以更改视频的分辨率和批次大小,批次大小表示生成的帧数,如图 8-43 所示。

图 8-43 "空 Latent"节点

"合并为视频"节点具有"视频助手"插件的功能,负责设置保存视频的帧率、格式等,如图 8-44 所示。

图 8-44 "合并为视频"节点

最终 AnimateDiff 文生视频的工作流如图 8-45 所示，生成了老人微笑的动画。虽然 AnimateDiff 插件功能强大，但生成的视频稳定性尚需提高，若要达到较好的效果，需要反复测试和调整。

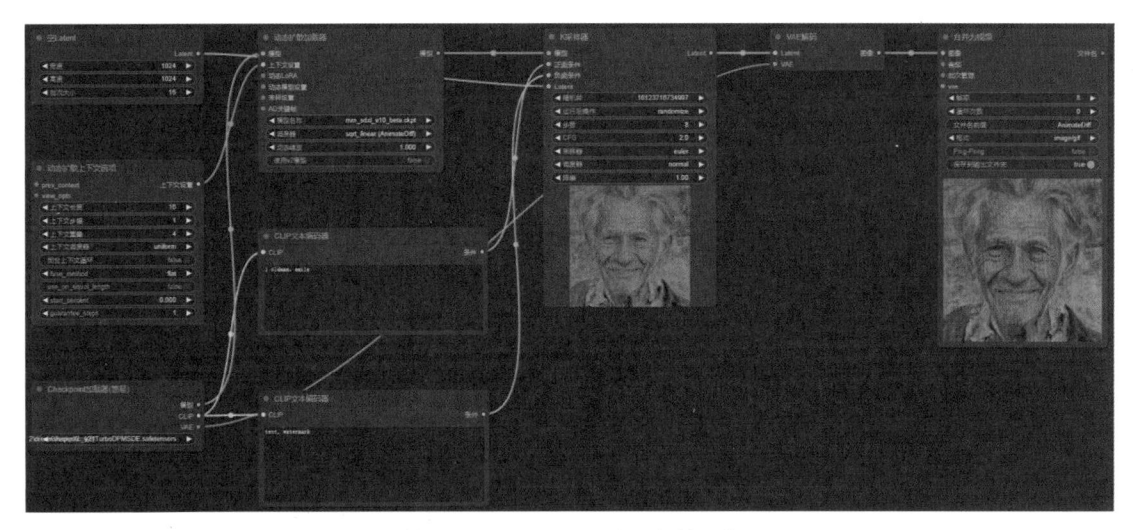

图 8-45 AnimateDiff 文生视频的工作流

8.4 MimicMotion

MimicMotion 是腾讯公司和上海交通大学联合推出的一个人工智能人像动态视频生成框架。用户只需提供一张参考图像和一系列要模仿的姿势，MimicMotion 就能生成高质量、姿势引导的人类动作视频。它的核心在于置信度感知的姿态引导技术，能够确保视频帧的高质量和时间上的平滑过渡。其原理类似于 ControlNet 的 Openpose，能够捕捉人物姿势、表情和手势。

相较于以往的工具，MimicMotion 具备更高的稳定性，且生成的脸部清晰度更高。

MimicMotion 模型下载的网址为 https://github.com/Tencent/MimicMotion。

MimicMotion 的工作流示意图如图 8-46 所示。

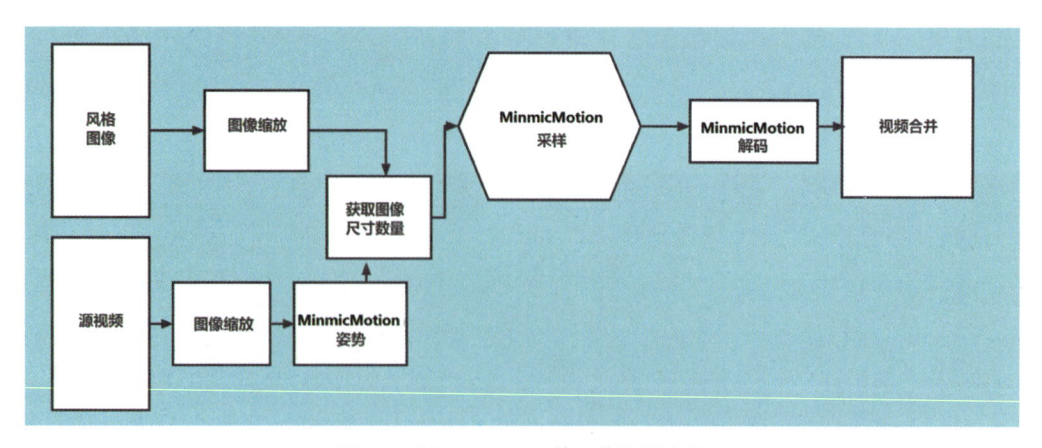

图 8-46 MimicMotion 的工作流示意图

MimicMotion 擅长制作短视频平台上的舞蹈动画。本案例使用该扩展制作一段"风格转绘"数字动画，将写实的视频转换成水墨风格的视频。

在工作流中，采样器、动作捕捉器和解码器都需使用官方节点。图 8-47 为"加载视频"节点，主要功能是导入源视频。本案例中上传的视频由可灵 AI 生成。

图 8-47 "加载视频"节点

204

第 8 章 ComfyUI视频

在"加载视频"节点上,把参数"强制帧率"设置为0,表示使用源素材的帧率。"强制尺寸"和"帧数读取上限"保持默认设置(即采用源素材参数)。"模选"参数值设置为1,表示每1帧提取一幅图像进行运算;若设置为2,则表示每2帧提取一幅图像,以此类推。

图 8-48 为"加载图像"节点,素材采用了 Kolors 生成的一幅水墨风格图像,这是视频转绘的目标风格。

图 8-48 "加载图像"节点

需要说明的是,这幅图像的动作最好与视频首帧中的动作保持一致,这对 MimicMotion 的计算至关重要。因为 MimicMotion 默认从首帧进行计算,这样可以确保后续动作比较连贯。我们通常可以用 ControlNet 提取首帧的方法生成这幅图像。

图 8-49 为"图像缩放"节点,它的主要作用是让视频和图像的分辨率保持一致。如果两者分辨率不一致,可能导致计算错误。

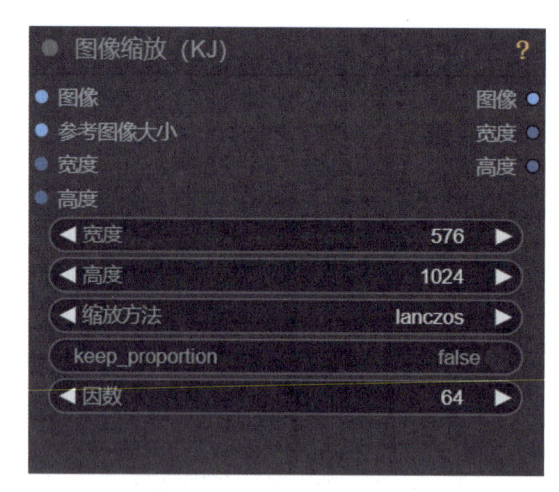

图 8-49 "图像缩放"节点

图 8-50 为"Load MimicMotionModel"节点，用于导入 MimicMotion 模型。

图 8-50 导入 MimicMotion 模型

图 8-51 为"MimicMotion"节点，它的功能和 ControlNet 中的 Openpose 类似，能够抓取视频中人物的姿态动作、脸部表情和手部动作。

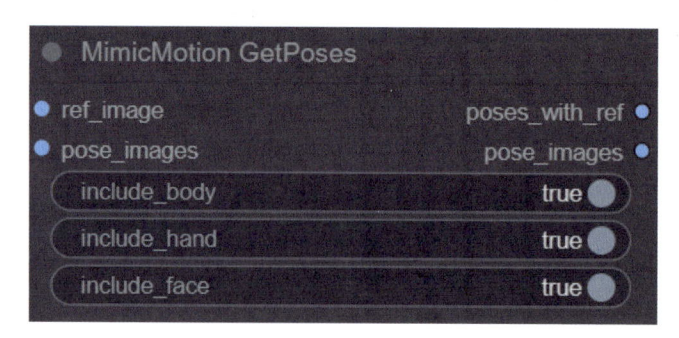

图 8-51 "GetPoses"节点

图 8-52 为官方采样器，主要用于设置步数、帧率、总帧数等。

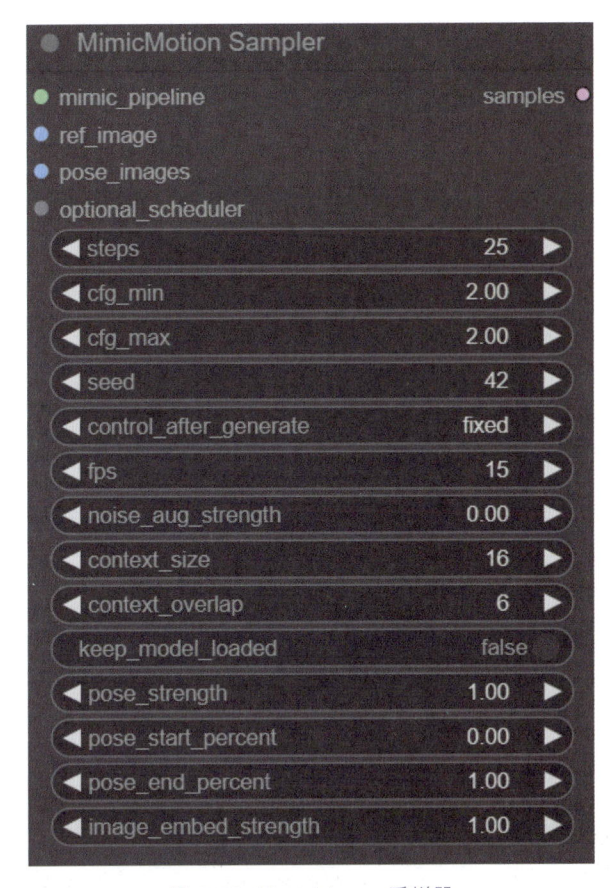

图 8-52 MimicMotion 采样器

图 8-53 为 MimicMotion 官方解码器。

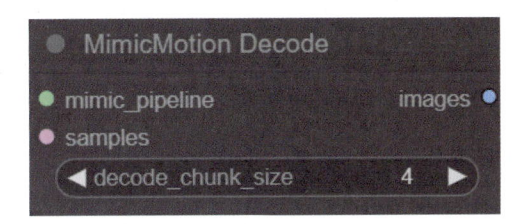

图 8-53 MimicMotion 解码器

图 8-54 为"合并为视频"节点，用于设置输出视频的帧率和格式等。

在使用"MimicMotion GetPoses"获取视频的动作后，直接进入采样器进行计算可能会出错，必须先加载"获取图像尺寸数量"节点（见图 8-55），才能进行正常计算。

图 8-54 用于设置输出视频参数的"合并为视频"节点

图 8-55 "获取图像尺寸数量"的节点

最终的工作流如图 8-56 所示。

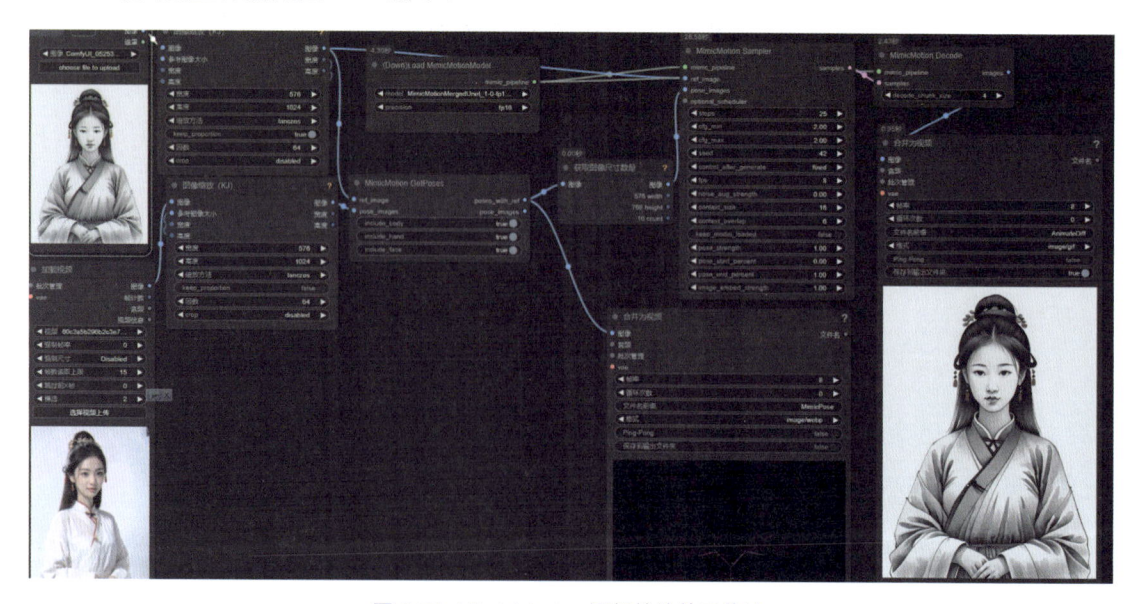

图 8-56 MimicMotion 视频转绘的工作流

第 8 章 ComfyUI 视频

对视频进行风格化"转绘"是目前 AI 领域具有实用价值的应用之一，业内也在积极探索这类技术。在使用 MimicMotion 工具时，需要注意以下三点：

- 对视频首帧进行风格迁移时，确保表情、动作与手势的一致性。
- 为了保证视频的稳定性，前期拍摄的素材质量要高，视频中的动作幅度不宜过大，并且动作、表情和手势应清晰可见。
- 图像背景应尽量干净，以防止生成的视频出现闪烁。

8.5 LivePortrait 表情控制

ComfyUI 的 LivePortrait 是一种能够将静态肖像生成动态视频的功能节点。通过 LivePortrait，用户可以精确控制眼睛和嘴唇的动作，并无缝拼接多个肖像，将不同人物的特征合并成一个视频，确保过渡自然流畅。该节点使用了一种不同于主流扩散方法的隐式关键点框架，在计算效率和可控性之间取得了有效的平衡。

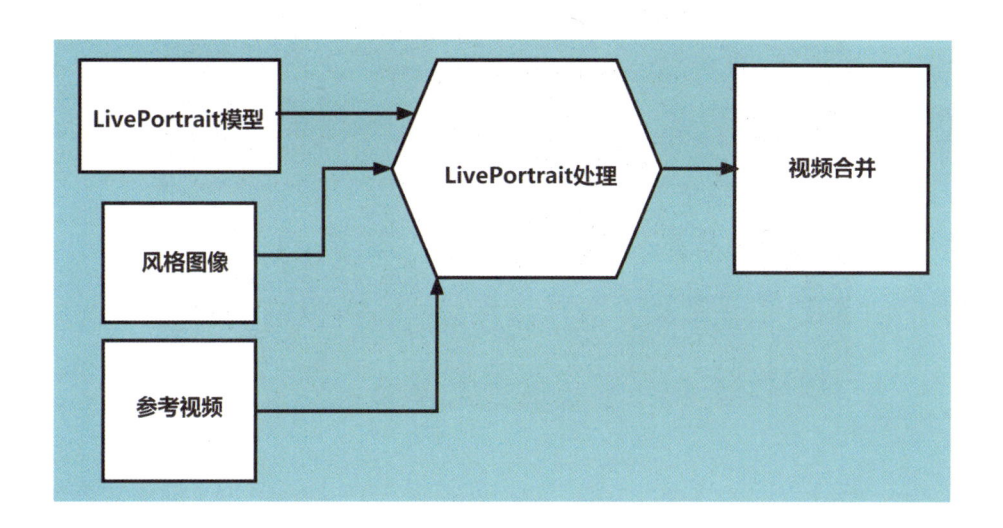

LivePortrait 工作流的示意图如图 8-57 所示，它通过一个视频驱动静态图像，使图像中的人物动起来。

图 8-57 LivePortrait 工作流的示意图

LivePortrait 的工作流主要涉及两个节点。第一个是 LivePortrait 模型加载节点，首次使用时需保持网络顺畅，后台会自动下载这个模型，如图 8-58 所示。

图 8-58 加载 LivePortrait 模型节点

第二个也是最核心的节点是"LivePortrait 处理"节点，它用于驱动动作的计算，并通过参数进行微调，如图 8-59 所示。

图 8-59 "LivePortrait 处理"节点

其他节点还包括"加载图像"节点，如图 8-60 所示。用户需上传一幅人物肖像，并将它连接到"LivePortrait 处理"节点的"原图像"接口，这幅图像中的人物将在后续步骤中动起来。

图 8-60 上传人物图像

用户还需通过"加载视频"节点上传表情视频，并将其连接到"LivePortrait处理"节点的"驱动图像"接口，如图 8-61 所示。这个表情视频将驱动图像生成相应的动作。

图 8-61 "加载视频"节点

通过 LivePortrait 工作流（见图 8-62），用户可以让静态照片中的人物做出丰富的表情，甚至开口说话。

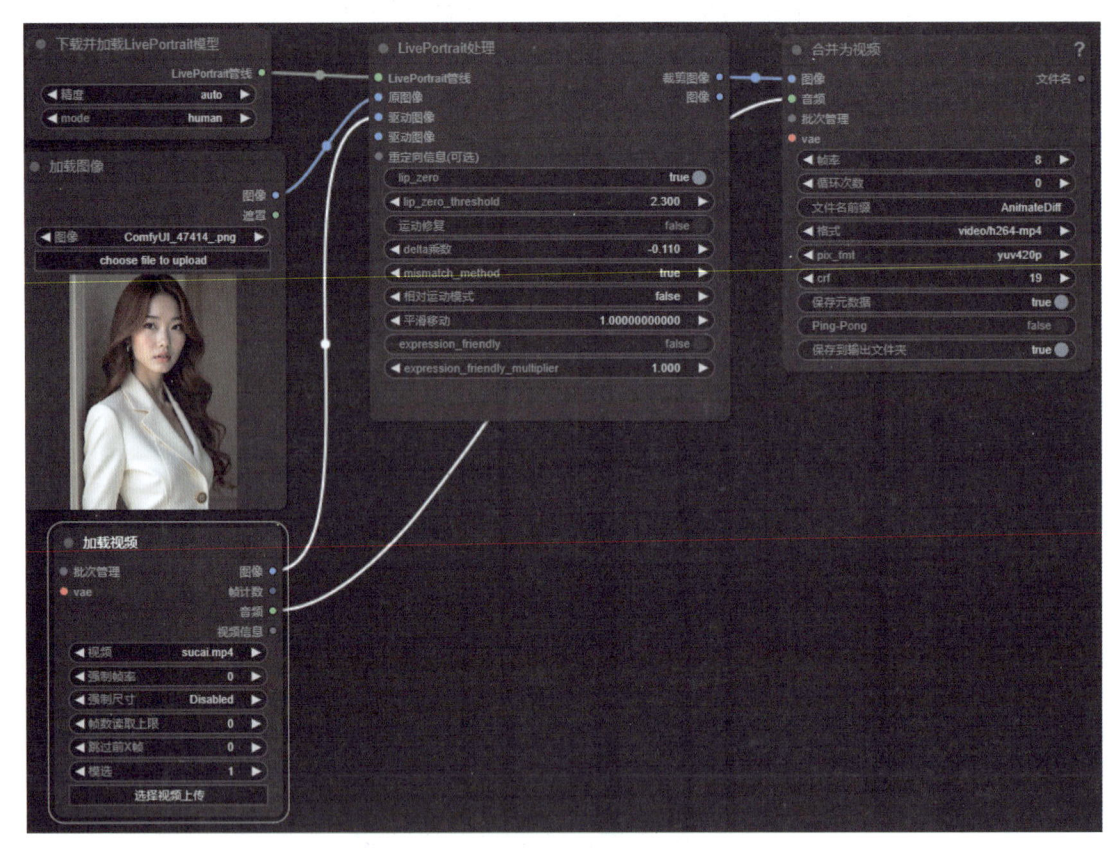

图 8-62 LivePortrait 工作流

8.6 ToonCrafter

ToonCrafter 是由香港中文大学、香港城市大学和腾讯 AI 实验室的研究人员共同开发的 AI 卡通动画生成器。它的核心功能是通过在两个卡通关键帧之间进行动画插值，生成平滑过渡的动画片段。ToonCrafter 采用了一系列核心技术，包括卡通校正学习、基于双重参考的 3D VAE 解码器，以及稀疏草图引导。

ToonCrafter 在 GitHub 的发布页为 https://github.com/AIGODLIKE/ComfyUI-ToonCrafter。

第 8 章 ComfyUI 视频

用户可以通过上传两张关键帧（图像）来开始动画创作，ToonCrafter 将自动生成中间的各帧，创建流畅自然的动画效果。它还支持通过文本提示词来引导动画生成过程，使用户能够根据需要调整动画效果。此外，ToonCrafter 支持多种应用场景，包括卡通草图插值、基于参考的草图上色，以及通过稀疏草图引导动画的生成。

请按照发布页的要求安装 ToonCrafter 节点和模型，将下载的模型 tooncrafter_512_interp-fp16.safetensors 放置在 ComfyUI\custom_nodes\ComfyUI-ToonCrafter\ToonCrafter\checkpoints 目录中。

模型通过"ToonCrafter 节点"生成两个关键帧（图像）之间的插值动画，如图 8-63 所示。

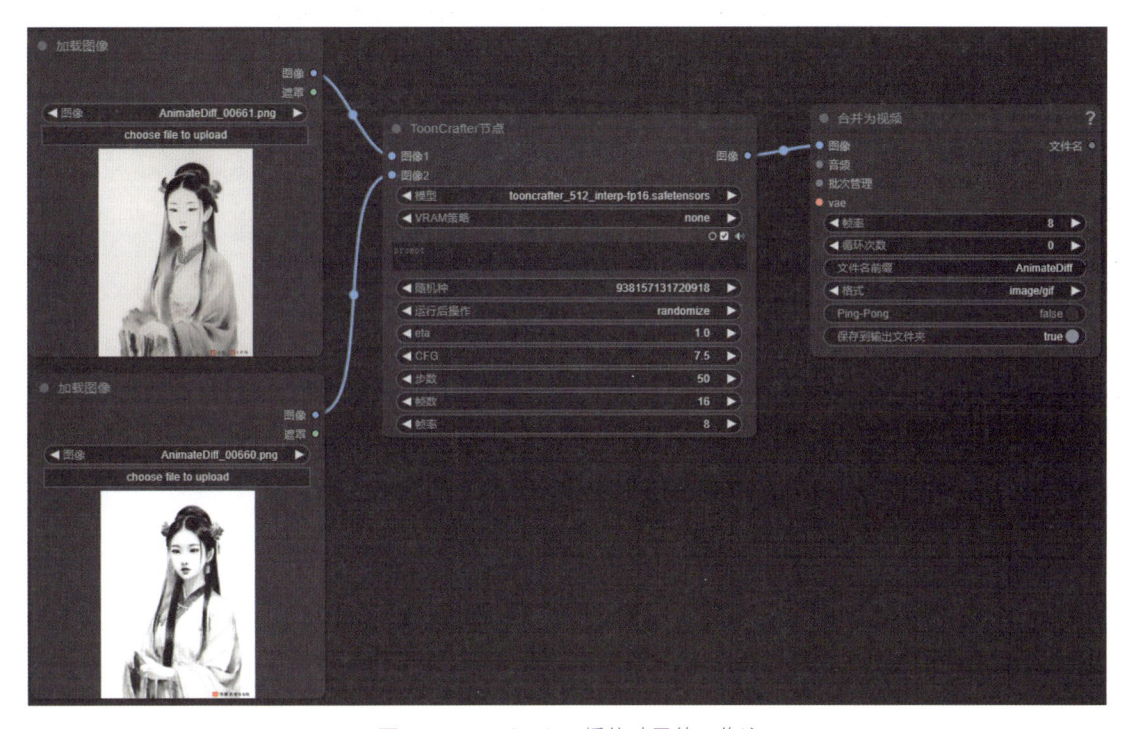

图 8-63 ToonCrafter 插值动画的工作流

在工作流中，最核心的部分是"ToonCrafter 节点"，它主要用于设置动画的帧数、帧率等参数，还可以通过提示词引导动画效果，如图 8-64 所示。

ToonCrafter 侧重于制作卡通类视频，而该实验室发布的 Dynamicrafter 适用范围更广。Dynamicrafter 是一款能够将任意图像变成动态视频的工具，它利用视频扩散先验技术模拟真实世界的运动模式，并结合文本指令，将静态图像转换为动态视频。Dynamicrafter 能够处理几乎所有类型的静态图像，包括风景、人物、动物、交通工具和雕塑等。

图 8-64 ToonCrafter 节点

虽然 ToonCrafter 和 Dynamicrafter 生成的图像分辨率较低，但作为开源工具，它们具有很强的发展潜力。

AI 视频技术正在推动视听内容的创作、分发和消费方式的深刻变革，预示着一个兼具创新和效率的新时代的到来。

8.7 思考与练习

1. 思考题：Sora 具有哪些创新技术？
2. 上机内容：使用可灵 AI 制作一个以"未来机器人在从事高科技农业"为主题的视频。

第9章 综合练习

Chapter

AI 绘画：
Stable Diffusion ComfyUI
的艺术

本章概述

本章首先使用 Flux 模型进行 32 个不同类型的 AI 绘画，帮助读者掌握 AI 绘画提示词的使用技巧。然后通过一个完整的案例深入介绍如何使用各种 AI 工具进行中国风艺术设计创作。

9.1 Flux 文生图案例

AI 绘画可以生成多种类型的作品，以下是使用 Flux 文生图完成的 32 种常见类型。

（1）人物画像：包括各种风格的人物肖像、特定角色的绘制（如动漫角色、游戏角色等），如图 9-1 所示。

图 9-1 肖像

提　示　词：Beautiful robotic woman, white skin made of marble, decorated with gold filigree, sapphire necklace, blue eyes, red roses in hair plant vines growing out of the head.

对应的含义：美丽的机器人女人，大理石制成的白色皮肤，金丝装饰，蓝宝石项链，蓝色眼睛，头发上的红玫瑰，头上长出的藤蔓植物。

（2）风景绘画：既可以是美丽的自然风景，如山脉、森林、海滩等，也可以是城市景观、建筑等，如图9-2所示。

图 9-2 风景

提　示　词：Thomas Kinkade style, kyanite crystal art, By Moebius (Jean Giraud).

对应的含义：托马斯 - 金卡德风格，奇安岩水晶艺术，莫比斯（让 - 吉罗）作品。

备注 Moebius，法国艺术家，作品融合了科幻、奇幻、西部等多种元素。

（3）动物绘画：包括各种动物的形象，如可爱的猫咪、狗狗，或野生动物，如图 9-3 所示。

图 9-3 动物

提示词：Furry little translucent mammal in a rain forest zoomed in, rainbow of light reflection off dew, green and vivid colors, wild fog, large eyes, transparent body, invisible like a jelly fish, huge ears, very cute, incredibly adorable, eating a nut, fungal hair, see through, wings, amazing atmosphere, detailed background, mystical realm, floating orbs of light.

对应的含义：在雨林中，一只毛茸茸的半透明小哺乳动物被放大观察，露水反射的彩虹，鲜艳的绿色，狂野的雾，大眼睛，透明的身体，像水母一样看不见，巨大的耳朵，非常可爱，难以置信的可爱，吃坚果，真菌毛发，透视，翅膀，令人惊叹的氛围，细致的背景，神秘的境界，漂浮的光球。

（4）幻想场景：想象中的奇幻场景，如神话世界或科幻场景等，如图 9-4 所示。

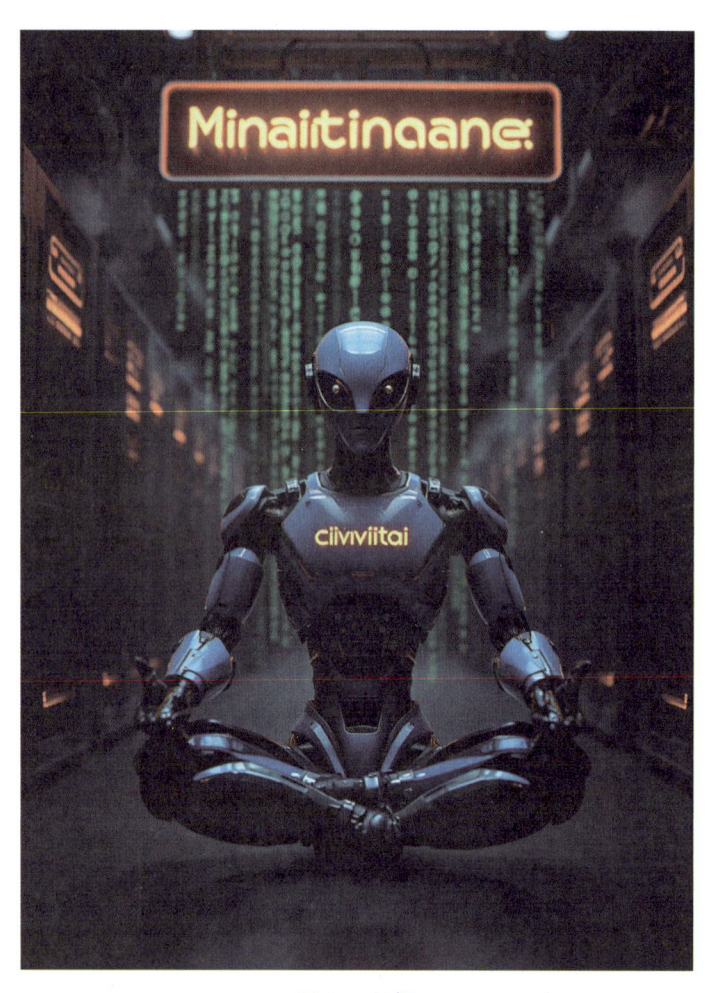

图 9-4 幻想

提示词：Blue high-tech robot with text "civitai" on its chest meditates in the lotus position, hovers above the ground, (in the background is the matrix code), on the sides are overheated computer servers from which steam comes out, on top hangs (an orange glowing neon sign with text "maintenance"), depth of field, highly detailed.

对应的含义：胸前印有"civitai"字样的蓝色高科技机器人在莲花座上打坐，在地面上空盘旋，（背景是矩阵代码），两侧是过热的计算机服务器，从中冒出蒸汽，顶部悬挂着（橙色发光霓虹灯标志，上有"maintenance"字样），景深，高度精细。

（5）概念艺术：用于表达某种概念、想法或主题的抽象艺术作品，如图 9-5 所示。

第 9 章 综合练习

图 9-5 概念艺术

提 示 词：Amazing super intricate maximalist sci-fi image of a Poké Ball world with amazing nebulae and stars in the sky, a huge circular super intricate galactic dreamscape surreal steampunk sci-fi time portal made as a clock, cities and fossils and butterflies and flowers and trees, portal, a silhouette of a man is stepping into the portal.

对应的含义：一幅令人惊叹的超级复杂的极致的科幻图像，展示了一个宝可梦球世界，天空中有着令人惊叹的星云和星星。一个巨大的圆形的超级复杂和梦幻般的蒸汽朋克科幻时间传送门，被设计成了一个时钟，上面有城市、化石、蝴蝶、花朵和树木，在传送门中，一个男人的剪影正迈入其中。

（6）二次元插画：具有鲜明二次元风格的作品，常用于动漫、漫画等领域，如图9-6所示。

图 9-6 二次元

提 示 词：A jed-rbt, manga artwork presenting "Cyclops Electromancer", created by Japanese manga artist, highly emotional, best quality, high resolution, highly intricate, highly color focused, dynamic dramatic beautiful full taking, dynamic dramatic atmosphere, perfect background, fabulous colors, rich vivid colors, advanced cinematic perfect light.

对应的含义：由日本漫画家创作的jed-rbt漫画作品 Cyclops Electromancer，极富情感，质量上乘，分辨率高，高度复杂，色彩集中，动态戏剧化的美丽全景，动态戏剧化的氛围，完美的背景，美妙的色彩，丰富生动的色彩，高级电影般的完美光线。

（7）游戏相关：包括游戏物品集合、游戏场景概念图、手机游戏角色设计等，如图9-7所示。

第 9 章 综合练习

图 9-7 游戏

提示词：Dwarves are hardy warriors who once populated Crypt in large numbers. Since the fall of the Dwarven city known as Vulcan in a volcanic explosion, the Dwarves have been scattered to the six planets. Most notable is the Raklish clan, still thriving despite the death of King Raklish himself. Armorers, craftsmen and warriors, the short, stocky Dwarves are a tenacious race that does not give up easily despite the worst hardships.

对应的含义：矮人是顽强的战士，曾经大量居住在地穴。自从矮人城市"火神"在一次火山爆发中陷落后，矮人就分散到了六颗行星上。最著名的是拉克利什部族，尽管拉克利什国王本人已经去世，但该部族依然繁荣昌盛。矮人是军械师、工匠和战士，他们身材矮小、体格魁梧，是一个顽强的种族，即使遇到再大的困难也不会轻易放弃。

（8）科技品牌插图：展示简单或详细的科技品牌相关插图，如图9-8所示。

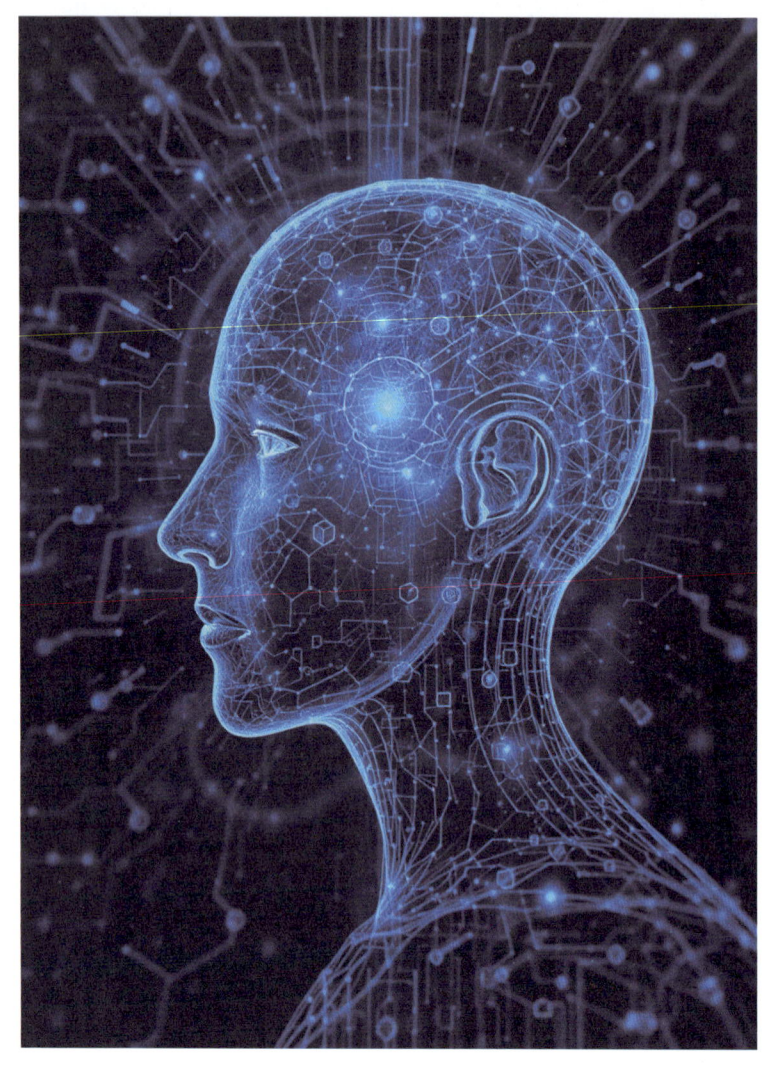

图9-8 科技

提 示 词：Artificial intelligence poster, blue sense of science and technology, masterpiece, best quality.

对应的含义：人工智能海报，蓝色科技感，杰作，最佳品质。

（9）室内设计效果图：展示室内空间的布局和装饰，如图9-9所示。

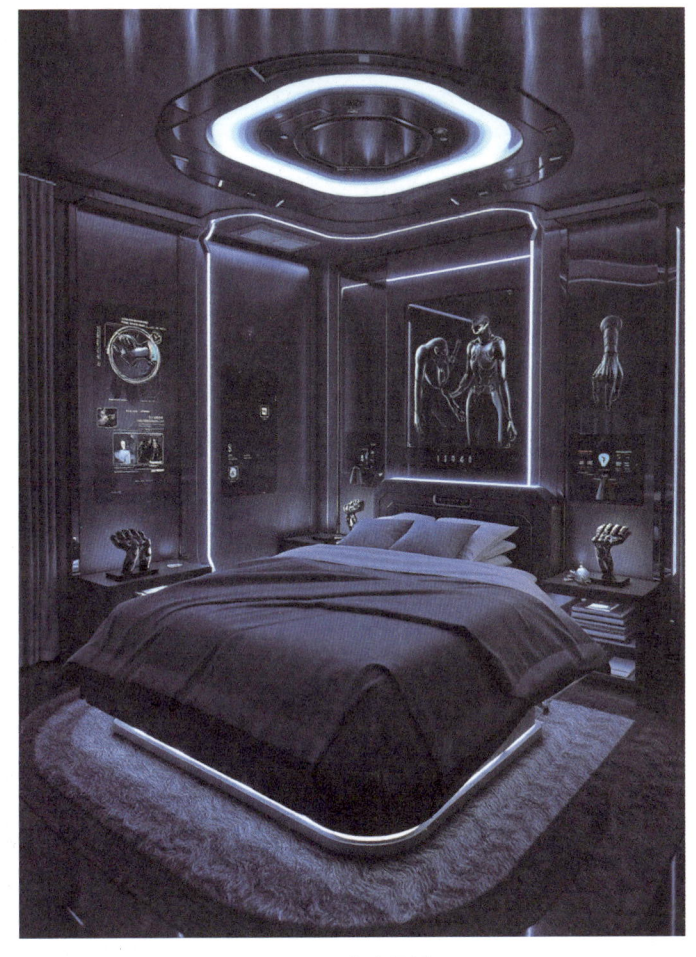

图 9-9 室内设计

提示词：Design a bedroom ,captures the game's futuristic world. Create a sleek room with a mix of human and android elements. Feature a bed with elegant, futuristic design, surrounded by holographic interfaces and glowing LED accents. Incorporate android components as decor, like detachable hands displayed artistically. Craft a space that blurs the line between human and machine.

对应的含义：设计一个卧室，捕捉游戏的未来世界。创建一个时尚的房间，结合人类和机器人的元素。特色是一张设计优雅、具有未来感的床，周围是全息界面和发光的 LED 装饰。加入机器人组件作为装饰，比如艺术性地展示可拆卸的手。打造一个模糊人与机器界限的空间。

（10）时尚设计：包括服装概念设计、时尚展板等，如图 9-10 所示。

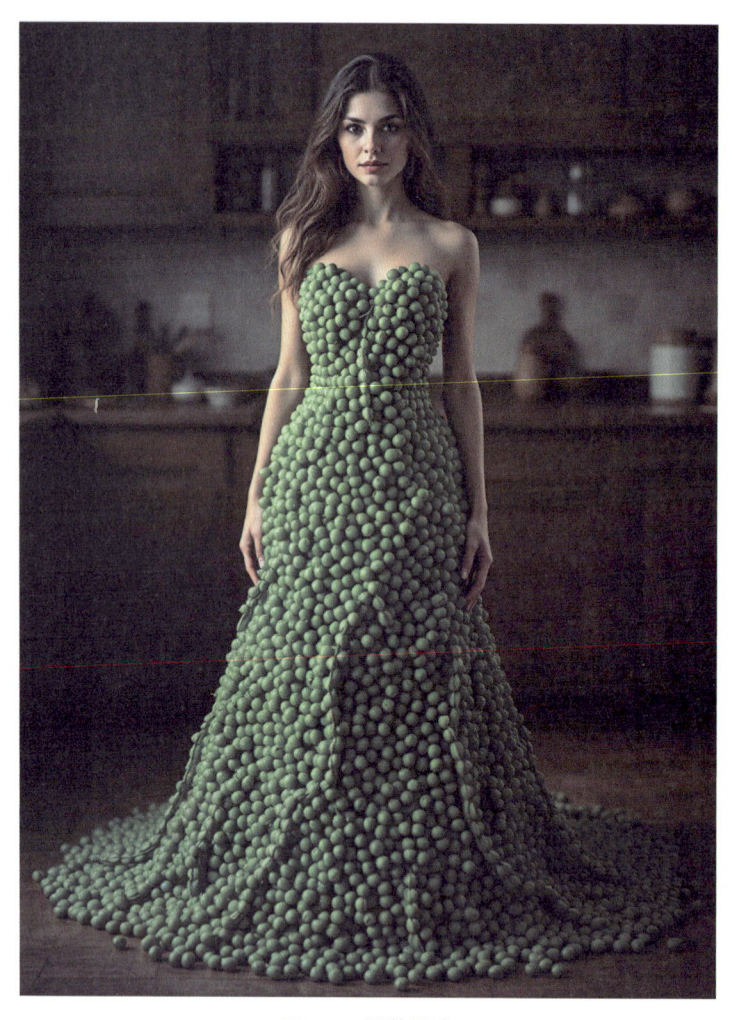

图 9-10 服装设计

提 示 词：Best quality, 8K UHD, ultra-high resolution, ultra-high definition, highres, realistic, photorealistic, hyper realistic, highly intricate and detailed, absurd resolution, absurd res, kitchen background, professional photograph of a beautiful woman in a flowing long dress made entirely of peas. Capture the texture and detail of peas.

对应的含义：最好的质量，8K UHD，超高分辨率，超高清，高分辨率，逼真的，照片般逼真，超现实的，高度复杂和详细的，荒谬的分辨率 BREAK，荒谬的分辨率，厨房背景，一个美丽的女人在一个流动的长裙完全由豌豆制成的专业照片。捕捉豌豆的质地和细节。

（11）图标和标志设计：包括各种 App 图标、网站标志等，如图 9-11 所示。

第 9 章 综合练习

图 9-11 标志设计

提示词：A data security icon, blue frosted glass, transparent technology sense, industrial design, white background studio lighting, 3D, C4D, blender, Pinterest, Octane Renderer, Dribble, highdetail, 8K.

对应的含义：一个数据安全图标，蓝色磨砂玻璃，透明的技术感，工业设计，白色背景工作室照明，3D，C4D，搅拌机，Pinterest，Octane 渲染，Dribble，高细节，8K。

备注 Pinterest 和 Dribble 都是分享艺术作品的网站。

（12）海报设计：如电影海报、活动海报、宣传海报等，如图 9-12 所示。

图 9-12 海报设计

提示词：A realistic photo of an array of star clusters in a cylindrical pattern of vibrant colors being pulled into the center of the image with the text "You Are Not Alone" in fantasy font with shadow at the middle. A shadow alien barely visible in the background. Highest Quality, high definition, surreal, motion blur.

对应的含义：这是一张真实的照片，一组星团在一个充满活力的圆柱形图案中被拉到图像的中心，用幻想字体写着"You Are Not Alone"，中间是阴影。一个在背景中几乎看不见的影子外星人。最高质量，高清，超现实，动态模糊。

（13）图案设计：花卉、极简线条等各种图案，如图 9-13 所示。

图 9-13 图案设计

提示词：Line art drawing Silhouette Art, a breathtaking (leafy beauty extravaganza alcohol ink art). day-glo accents + dark red hues + luminous red + shiny gold color scheme. (beautiful refined classy adorable young Alena:1.26), (tight tango dress:1.25), (elegant pose). Intricate ornate elegant leafy floral and swirling patterns. professional, sleek, modern, minimalist, graphic, line art, vector graphics.

对应的含义：线条艺术绘画剪影艺术，令人叹为观止（叶子美学盛宴酒精水墨艺术）。昼光点缀＋深红色调＋亮红色＋闪亮的金色配色方案。（美丽精致优雅可爱的年轻阿莱娜:1.26），（紧身探戈裙:1.25），（优雅的姿势）。复杂华丽优雅的叶状花卉和漩涡图案。专业，时尚，现代，极简主义，图形，线条艺术，矢量图形。

（14）产品设计：绘制产品的外观、造型等，如图 9-14 所示。

图 9-14 产品设计

提 示 词：Product commercial photography, humidifier placed on a bedside table, Japanese style, champagne tones, light from the top left, window light, very strong light atmosphere, volumetric lighting. This photo features a shallow depth of field, focus on the middle ground, close-up, minimalist premium feel, shot with a Nikon camera, HD, super detailed.

对应的含义：产品商业摄影，床头柜上放置的加湿器，日式风格，香槟色调，光线来自左上方，窗外光线，非常强烈的光线氛围，体积感照明。这张照片的特点是景深较浅，焦点在中间位置，特写，极简的高级感，使用尼康相机拍摄，高清，超级细腻。

（15）故事插画：用于讲述故事的系列插画，如图 9-15 所示。

图 9-15 故事插画

提示词：A white pup is sleeping on the clouds. There's a moon in the night sky and no stars.

对应的含义：一只白色的小狗睡在云朵上。夜空中有一轮明月，没有星星。

备注 如果提示词中没有注明插画风格，生成的图像会产生随机性，需要多次抽卡。

（16）像素艺术：具有像素风格的作品，如图 9-16 所示。

图 9-16 像素艺术

提示词：guy riding black motorcycle with red under lights, dark and raining, pixel art.

对应的含义：红色灯下骑着黑色摩托车的人，黑暗和下雨，像素艺术。

（17）复古风格：如复古邮票、复古时尚封面等，如图 9-17 所示。

第 9 章 综合练习

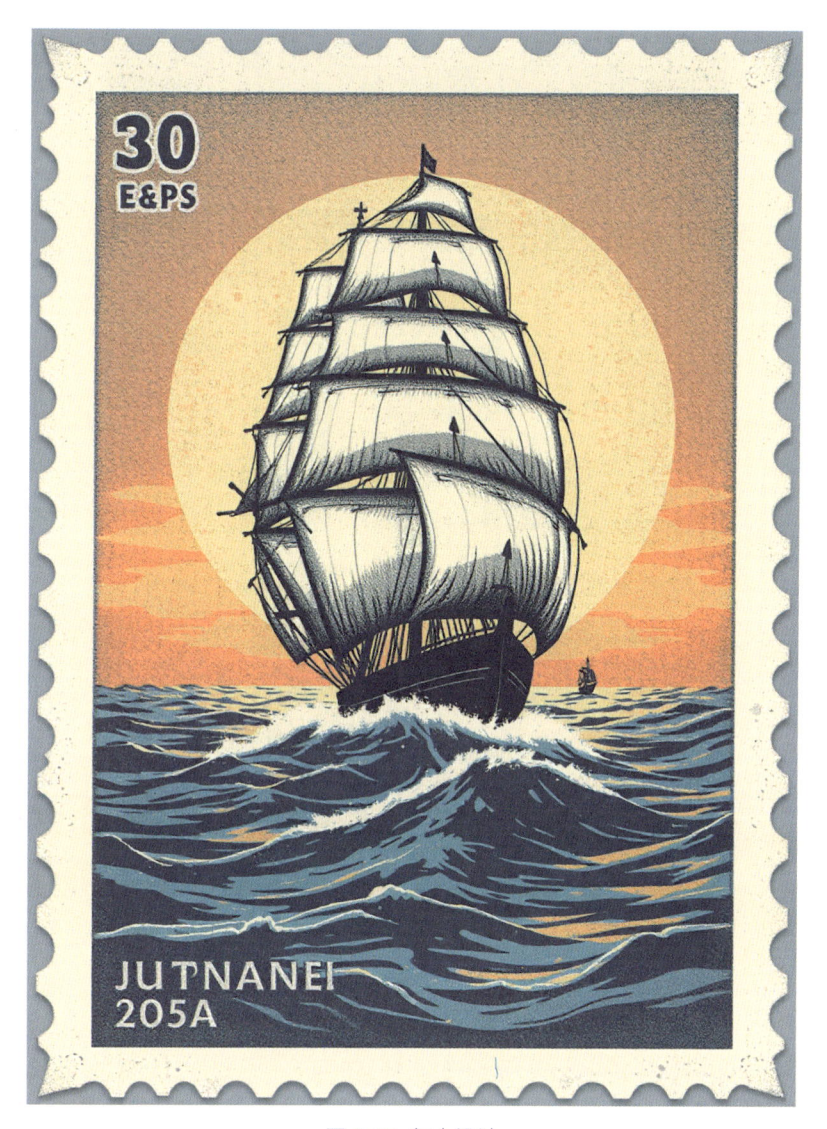

图 9-17 复古设计

　　提示词：Create a retro-style postage stamp depicting a majestic sailing vessel with billowing sails, gliding through the deep blue seas under a golden sunset, evoking a bygone era of maritime exploration.

　　对应的含义：制作一枚复古风格的邮票，描绘一艘扬帆起航的雄伟帆船，在金色的夕阳下，船在深蓝色的海面上滑行，让人联想起逝去的海上探索时代。

　　（18）超现实绘画：创造出超越现实的奇特景象，如图 9-18 所示。

图 9-18 超现实绘画

提 示 词：Create a hyper-realistic photograph of a mysterious man with no facial features, where he is composed entirely of intricately layered leaves. He is seated on a wooden park bench, reading a book. The leaves of his face should have varying shades of green and autumnal hues, subtly moving as if rustling in a gentle breeze. The park setting is serene, with trees in the background and soft sunlight filtering through the foliage, casting dappled shadows on the ground and the bench. The scene evokes a surreal, yet peaceful atmosphere, blending elements of nature with the human form.

对应的含义：创作一张超写实照片，照片中的神秘男子没有面部特征，完全由错综复杂的树叶组成。他坐在公园的木质长椅上看书。他脸上的树叶应该呈现出深浅不一的绿色和秋天的色调，树叶微妙地移动着，仿佛在轻风中沙沙作响。公园的背景是宁静的树木，柔和的阳光透过树叶，在地面和长椅上投下斑驳的影子。这个场景营造了一种超现实而又宁静的氛围，将自然元素与人类形态融为一体。

（19）卡通风格：具有可爱、夸张特点的卡通形象，如图 9-19 所示。

图 9-19 卡通设计

提示词：Fluttershy from My Little Pony but only has bones and rotten flesh.

对应的含义：《我的小马》中的 Fluttershy，但只有骨头和烂的皮肤。

备注 Fluttershy（小蝶）是美国孩之宝制作的动画《我的小马》（My Little Pony）中的主要角色之一。

（20）植物绘画：各种植物的描绘，如图 9-20 所示。

233

图 9-20 植物绘画

提示词：Cinematic photo breathtaking hyperrealistic art a digital illustration combining elements of two images: a scene of black, charred roses with fantastic glowing embers amidst a dark, ash-covered ral-oilspill ground, and an shiny intricate fractal design resembling a ral-polished steel golden flower with complex patterns and details. The composition blends the dark, burnt elements with the bright, glossy elegant fractal flower, creating a dramatic and surreal visual effect with high contrast and day-glo details. extremely high-resolution details, photographic, realism pushed to extreme, fine texture, incredibly lifelike . award-winning, professional, highly detailed . 35mm photograph, film, bokeh, professional, 4K, highly detailed.

对应的含义：电影般的照片，令人惊叹的超现实艺术，一幅结合了两幅图像元素的数字插画：一幅是黑色的、烧焦的玫瑰花场景，在黑暗的、被灰烬覆盖的油污地面上有发光的余烬；另一幅是闪亮的、复杂的分形设计，类似于一朵抛光钢制的金色花朵，具有复杂的图案和细节。构图将黑暗、烧焦的元素与明亮、光洁、优雅的分形花朵融合在一起，通过高对比度和日光细节营造出戏剧性的超现实视觉效果。35mm 照片，胶片，虚化，专业，4K，高度细腻。

（21）文化图像：不同国家、民族、文化的特色图像，如图 9-21 所示。

图 9-21 文化图像

提示词："The Legend of the White Snake" Movie Poster:

At the top of the poster, the film's title "The Legend of the White Snake" is written in modern golden calligraphy.

In the center of the image is a tranquil lake, gently covered by a layer of mist as if veiled by a mysterious force. Surrounding the lake are undulating mountains, their peaks faintly visible in the lingering light of the setting sun, outlined with a faint golden glow, adding a touch of sanctity.

At the heart of the lake, a bright full moon hangs in the deep blue night sky, its light casting silver ribbons across the water's surface, swaying softly with the ripples. On the opposite shore, an ancient

Chinese pagoda stands on the edge of a cliff, its silhouette sharply defined by the moonlight, its spire pointing towards the stars.

In the foreground, Bai Suzhen appears with the grace of a goddess, dressed in a flowing white gown that flutters lightly in the night breeze. Her hair cascades over her shoulders like a waterfall, with glints of starlight caught in the strands. Her eyes are deep and enigmatic, as if capable of piercing the soul. A faint halo surrounds her, hinting at her extraordinary origins. A small white snake with gleaming eyes is coiled around her arm, its gaze reflecting the light of Bai Suzhen.

Xu Xian stands beside Bai Suzhen, clad in the attire of a scholar, wearing a square cap and holding a folding fan. His eyes are filled with deep affection for Bai Suzhen and a steadfast determination for the future. A warm glow emanates from the area around his heart, symbolizing his unwavering love for her.

On the surface of the lake, several lotus flowers float serenely, their petals exceptionally white under the moonlight, with a few glistening droplets of water. Ripples spread outwards from the feet of Bai Suzhen and Xu Xian, creating a series of delicate concentric circles.

Throughout the background of the poster, wisps of smoke and ethereal forms are subtly integrated, floating gracefully within the scene and lending an air of transcendence to the poster. These elements come together to form a movie poster imbued with the mystical colors of the East and a romantic sentiment.

对应的含义：《白蛇传说》电影海报：

海报的顶部，用现代风格的金色书法字体书写着电影的标题"白蛇传说"。

画面中央是一片宁静的湖泊，湖面被一层薄雾轻轻覆盖，仿佛是神秘力量的面纱。湖的四周是连绵起伏的山脉，山峦在夕阳的余晖中若隐若现，山顶被淡淡的金色光芒勾勒出来，增添了一抹神圣的色彩。

在湖的中心，一轮皎洁的明月悬挂在深蓝色的夜空中，月光洒在湖面上，形成一条条银色的光带，随着湖水的涟漪轻轻摇曳。湖的对岸，一座古朴的中国式宝塔在悬崖边耸立，宝塔的轮廓在月光下显得格外清晰，塔尖直指星空。

前景中，白素贞以女神的姿态出现，她身着一袭飘逸的白色长裙，裙摆随着夜风轻轻飘扬。她的头发如瀑布般披散在肩上，发丝间闪烁着点点星光。她的眼神深邃而神秘，仿佛能洞察人心。在她的周围，一圈淡淡的光环若隐若现，暗示着她非凡的身世。一条小巧的白蛇缠绕在她的手臂上，蛇的眼睛里闪烁着与白素贞相呼应的光芒。

许仙站在白素贞的身旁，他身着一袭书生服饰，头戴方巾，手持一把折扇。他的眼神中充满了对白素贞的深情和对未来的坚定。他的心脏区域散发出温暖的光芒，象征着他对白素贞不变的爱意。

第 9 章 综合练习

　　湖面上，几朵荷花静静地漂浮着，它们的花瓣在月光下显得格外洁白，花瓣上还带着几滴晶莹的水珠。湖面上的波纹从白素贞和许仙的脚下向外扩散，形成一圈圈细小的涟漪。

　　整个海报的背景中，巧妙地融入了烟雾和灵魂般的形态，它们在画面中轻盈地飘动，为海报增添了一抹超凡脱俗的气息。这些元素共同构成了一幅充满东方神秘色彩和浪漫主义情怀的电影海报。

> **备注** 本案例提示词由 Kimi 完成，Flux 模型还不能生成中文字体，会生成乱码。

（22）动物拟人化：将动物赋予人类的特征或行为，如图 9-22 所示。

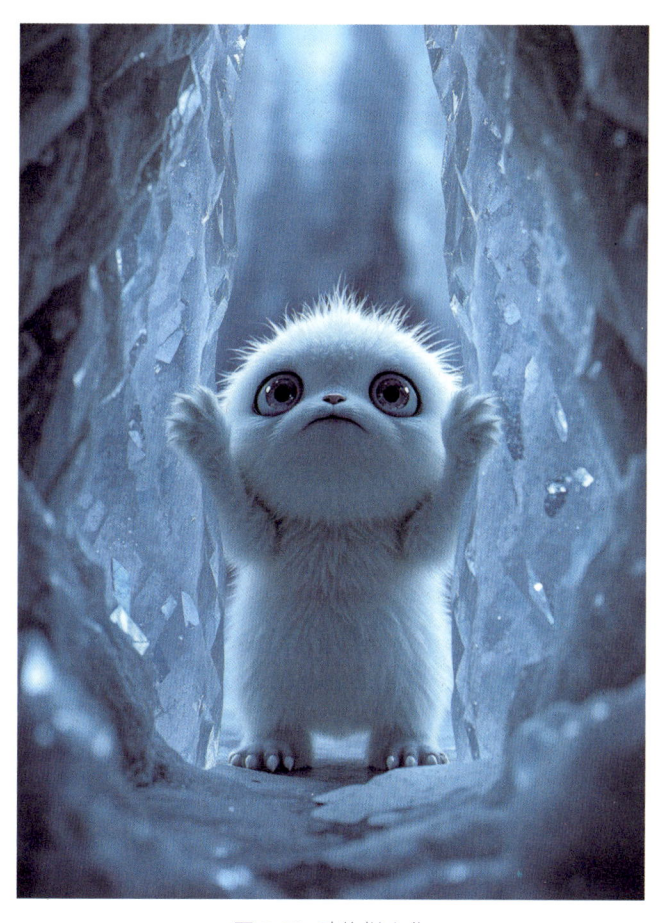

图 9-22 动物拟人化

提示词：Ice blind monster, whose fur is decorated with small polished crystals, which looks out curiously between two huge crystals. It holds on to the large crystals and leans forward slightly to take a close look at its surroundings. It is super cute and fluffy and looks at the viewer with big sparkling eyes, it's super cute how it looks up from the bottom. The scene takes place in a crystal cave, the walls are decorated with unpolished shiny crystals that reflect the light in the cave and everything on illuminate a harmonious and peaceful way.

对应的含义：冰盲怪的皮毛上装饰着抛光的小水晶，它在两块巨大的水晶之间好奇地张望着。它抓着大水晶，身体微微前倾，仔细观察着周围的环境。它超级可爱，毛茸茸的，用闪闪发光的大眼睛看着观众，它从下往上看的样子超级可爱。场景发生在一个水晶洞穴里，墙壁上装饰着未经抛光的闪亮水晶，反射着洞穴里的光线，照亮了洞穴，显得和谐而宁静。

（23）**食物绘画**：包括各种美食的图像，如图 9-23 所示。

图 9-23 美食

提示词：Pancakes with fresh berries, realistic, photocrealistic, high detailed background, depth of field, bokeh,(masterpiece:1.2), (best quality:1.2), ultra-detailed, best shadow, detailed background, high contrast, (best illumination, an extremely delicate and beautiful), ((cinematic light)), intricate details, 8K, very aesthetic.

对应的含义：煎饼与新鲜浆果，写实，写真，高细节背景，景深，虚化，（杰作 :1.2），（最佳画质 :1.2），超精细，最佳阴影，细节背景，高对比度，（最佳照明、极其精致和美丽），（（电影光）），复杂细节，8K，极具美感。

> **备注** 该提示词是从 SDXL 模型生成的图像中提取的，Flux 不支持"（）"符号权重，但依旧能生成出类似 SDXL 的图像。

（24）交通工具设计：如汽车、飞机等交通工具的概念设计，如图 9-24 所示。

图 9-24 交通设计

提示词：The glowing car shell, made of metal and gears, very transparent. The film lamp holder shell is very transparent and feels smooth and soft. Partially transparent design allows you to see the internal mechanism. Luminous basket fluorescence, mechanical cars, beautiful city scenes, sunlight through the clouds, super detail, cinematographic lighting, bright colors, aerial landscapes, detailed urban architecture, dynamic close-up, detail surreal science fiction art aesthetic light shadow film special effects high resolution images surrealistic texture high resolution, digital painting, delicate dynamic rendering, ultra high quality, masterpiece, super detail, best quality animation style HD high quality presentation.

对应的含义：发光车外壳由金属和齿轮制成，非常透明。贴膜灯座外壳非常透明，手感光滑柔软。部分透明的设计让你可以看到内部机构，发蓝荧光，机械车，美丽的城市场景，透过云层的阳光，超级细节，电影般照明，明亮的色彩，空中景观，细致的城市建筑，动态特写，细节超现实科幻艺术美学，光影，电影特效，高分辨率图像，超现实主义质感，高分辨率数字绘画，精致的动态渲染，超高品质，杰作，超级细节，最佳品质动画风格高清高品质呈现。

（25）卡牌设计：绘制具有艺术感的塔罗牌图案，如图 9-25 所示。

图 9-25 卡牌设计

第 9 章 综合练习

提示词：Envision a Tarot card that embodies the valor and wisdom of an ancient Chinese warrior, set against the backdrop of a mystical landscape, adorned with traditional Chinese motifs symbolizing strength and honor, rendered in a style that marries vintage aesthetics with ethereal fantasy elements.

对应的含义：塔罗牌体现了中国古代武士的英勇和智慧，以神秘的风景为背景，装饰着象征力量和荣誉的中国传统图案，其风格融合了复古美学和空灵幻想元素。

> **备注** 塔罗牌起源于 15 世纪的欧洲，用途是作为游戏卡片。

（26）纸艺风格：模仿层叠纸艺效果的绘画，如图 9-26 所示。

图 9-26 剪纸艺术

提 示 词：A cute colourful forest with flowers, nature and deers, and sun in 3d paper style as a circular paper cut art, placed in the centre of the image, children's story book style, transparent border, beautiful paper cut forest, beautiful colours.

对应的含义：一个可爱的彩色森林，有花朵、大自然、鹿和太阳，以 3D 剪纸风格呈现，作为圆形剪纸艺术，置于图像中央，儿童故事书风格，透明边框，美丽的剪纸森林，色彩绚丽。

（27）建筑设计：包括不同风格的建筑，如现代主义、有机建筑、山地嵌入式建筑等，如图 9-27 所示。

图 9-27 建筑设计

提 示 词：Futuristic modern minimalist tesseract style house from glass and steel structure, with terraces, swimming pool, in a tropical jungle, photorealist, masterpiece, 4K, high detailes.

对应的含义：未来主义现代简约魔方风格的玻璃和钢结构房屋，带露台、游泳池，位于热带丛林中，逼真，杰作，4K，高细节。

第 9 章 综合练习

（28）等距视图：清晰的等距艺术或等距剖视图，如图 9-28 所示。

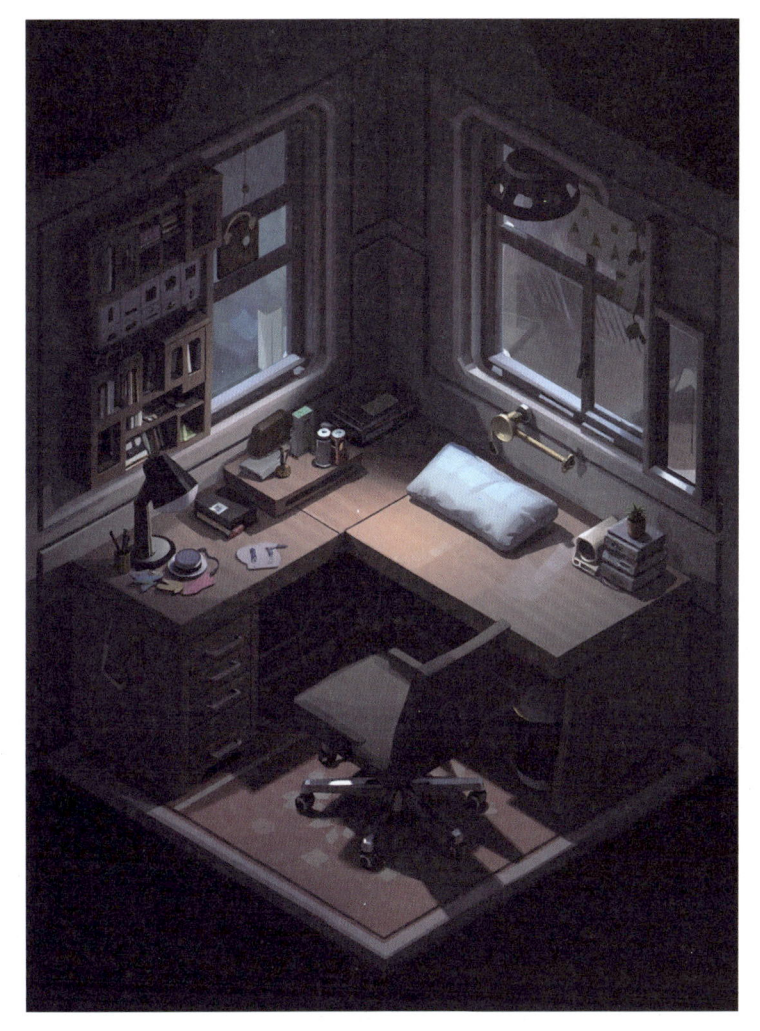

图 9-28 等距视图

提示词：4K isometric scifi bedroom game asset. However, note that there is a pillow on the desk, and this is not a chair. It is problematic for a workflow。

对应的含义：4K 等距科幻卧室游戏资产。但请注意，桌子上有一个枕头，这不是一把椅子。这对工作流程是有问题的。

备注 isometric 等角投影是一种在设计和可视化中广泛使用的技术，它通过提供一种简化的三维表示来帮助人们理解和交流复杂的空间关系。

（29）表情包设计：可爱或有趣的表情包，如图 9-29 所示。

图 9-29　表情包

提　示　词：Create a series of charming and playful bunny emojis, capturing their endearing expressions and antics in a vibrant, cartoonish style that resonates with a sense of joy and innocence, dark background.

对应的含义：创建一系列迷人、俏皮的兔子表情符号，以充满活力的卡通风格捕捉它们可爱的表情和滑稽动作，让人产生欢乐和纯真的共鸣，深色背景。

（30）艺术字设计：富有创意的字体设计，如图 9-30 所示。

图 9-30 艺术字体

提 示 词：A mesmerizing 8K high-definition illustration featuring the text "Happy Birthday" in bold, flavorful ice cream typography. The letters are crafted to resemble scoops of vibrant, colorful ice cream, dripping with sparkling, shimmering toppings. The background is a dark, reflective surface adorned with intricate floral patterns and delicate butterflies, creating an enchanting scene. The overall composition masterfully blends color, contrast, and lighting effects, resulting in a captivating and visually stunning masterpiece. Illustration, 3d render, painting, vibrant.

对应的含义：一幅令人着迷的 8K 高清插图，以粗体、美味的冰淇淋字体展示文字"Happy Birthday"。这些字母就像一勺勺鲜艳多彩的冰淇淋，滴着闪闪发光的配料。背景是一个深色的反光表面，点缀着复杂的花卉图案和精致的蝴蝶，营造出一个迷人的场景。整体构图巧妙地融合了色彩、对比度和灯光效果，形成了一幅引人入胜、视觉震撼的杰作。插画，3D 渲染，绘画，鲜艳。

（31）艺术创作：艺术创作是表达个人情感、思想和创意的过程，创作的作品能够引发观众的共鸣，激发思考或提供审美体验，如图9-31所示。

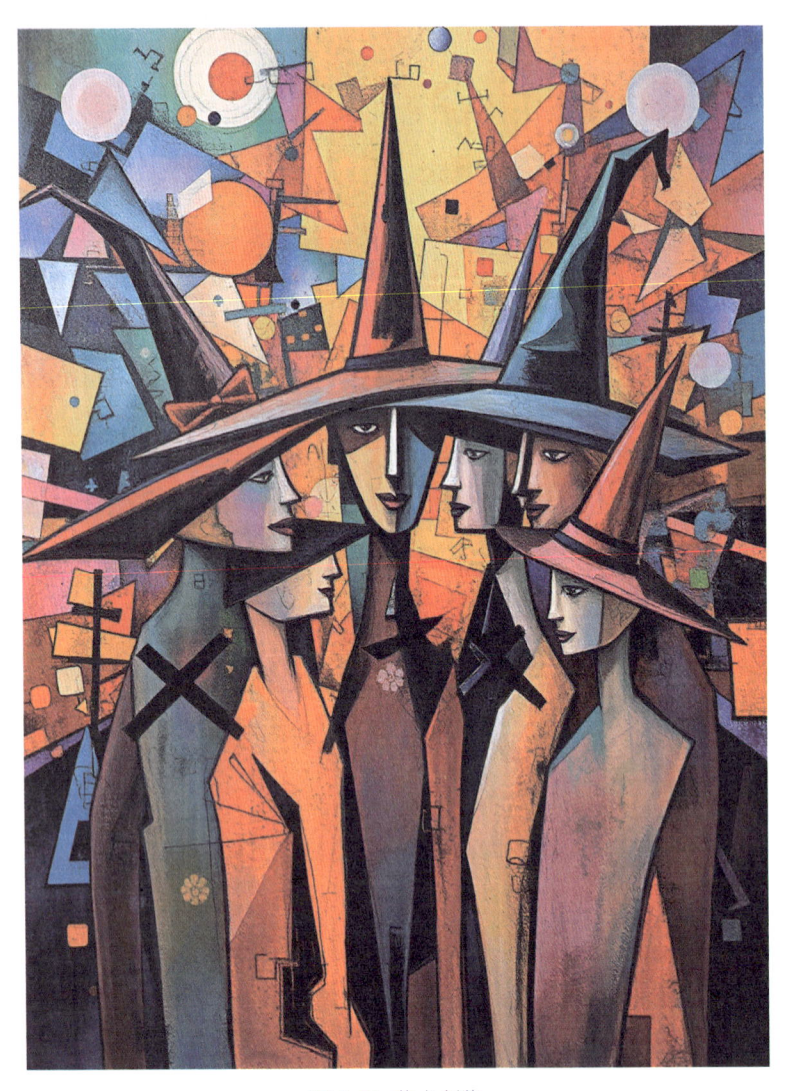

图9-31 艺术创作

提示词：A vibrant canvas filled with geometric shapes and abstract forms depicts the chaotic chaos of an artist's creation. The colors are bold and dynamic, with hues that dance in harmony with each other. A group of cubist figures, witch hated in futuristic witch hats。

对应的含义：一幅充满活力的画布上布满了几何形状和抽象形式，描绘了艺术家创作的混乱混沌。色彩大胆而灵动，色调之间和谐共舞。一群立体主义人物，戴着未来主义的女巫帽。

（32）UI 设计：即用户界面设计，专注于创造直观、美观且功能性强的用户交互体验。它结合视觉设计、布局结构、导航逻辑和用户需求，以确保产品界面既吸引人又易于使用，从而提升用户满意度和产品效能，如图 9-32 所示。

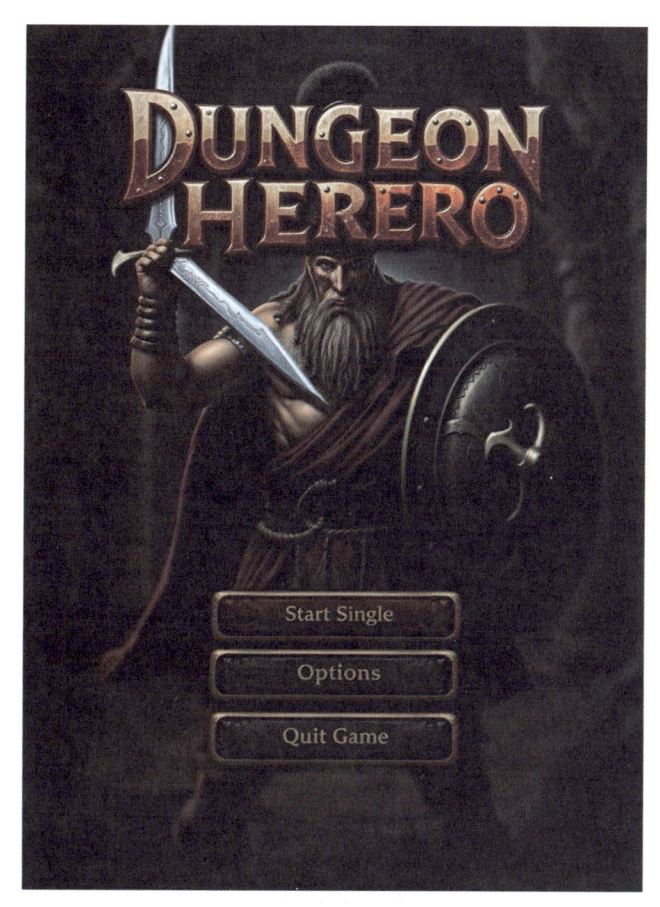

图 9-32 UI 设计

提 示 词：UI game interface, realistic photo style, highly detailed war atmosphere, title screen of a computer game called "Dungeon Hero". An ancient Greek general, wielding a sword and shield, is charged. At the bottom there is a button titled "Start Single", below it is a button titled "Options", below it is a button titled "Quit game", it is a very detailed dungeon background. Tilt shift effect focusing.

对应的含义：UI 游戏界面，写实的照片风格，高度细腻的战争氛围，一款名为"Dungeon Hero"的电脑游戏的标题画面。一位古希腊将军挥舞着剑和盾牌，正在冲锋陷阵。底部有一个名为"Start Single"的按钮，其下是一个名为"Options"的按钮，再下面是一个名为"Quit game"的按钮，这是一个非常细腻的地下城背景。倾斜移动效果聚焦。

AI 绘画的风格和种类丰富多样，并且随着技术的发展和用户需求的变化，还在不断涌现新的类型。不同的 AI 绘画工具和模型擅长生成不同风格的作品，使用者可以根据自己的需求和喜好选择合适的工具和模型来进行创作。

9.2 综合案例设计："锦绣江南"刺绣艺术

本节通过一个主题为"锦绣江南"的创意项目来体验完整的工作流程：从收集网站资料、利用 AI 进行创意构思和提示词生成，到使用 Stable Diffusion 创作图像、生成视频，直至最终的音乐创作。在这个过程中，每个步骤都由 AI 完成，以展示 AI 在创意设计中的重要作用。

1 收集资料

这是项目的起始阶段，需要搜集与项目相关的所有信息和资源，如文献、图片、音频、视频等。资料的主要收集网站为 pinterest.com。

01 我们在该网站的搜索框中输入"锦绣江南"，会出现相关的图像资料，如图9-33所示。通过这些图像，我们可以学习刺绣的画面内容、表现形式、艺术风格和材质纹理，为下一步的工作打下基础。

图 9-33 搜索素材

02 通过网站收集了三幅图像，植物荷花、动物金鱼和亭台楼阁建筑，如图9-34所示。

第 9 章 综合练习

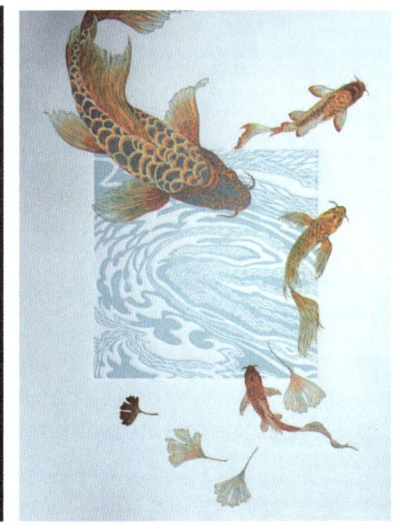

图 9-34 收集素材

2 用 Kimi 设计提示词

在这个阶段，我们需要根据素材和项目需求设计合适的提示词，这些提示词将用于引导 AI 进行图像创作生成任务。

01 根据三幅素材图像，我们可以提炼关键字内容，也可以使用WD14反推提示词，如图 9-35所示，反推出的提示词是"户外、天空、云、树、无人、传统媒体、边界、建筑、风景、山、建筑、东亚建筑、城堡、宝塔"。

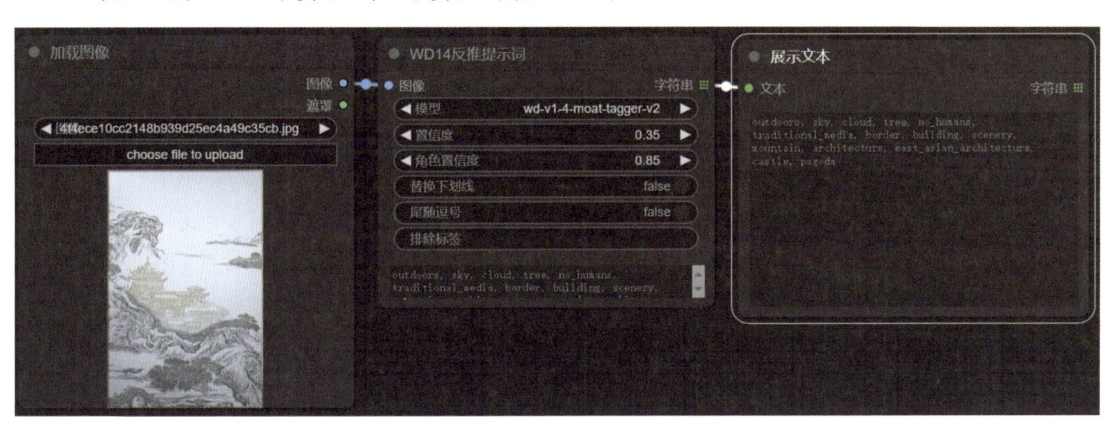

图 9-35 反推提示词

02 我们可以将反推出的提示词提炼为：户外、天空、云、树、无人、山、建筑、中国建筑、亭子、宝塔。

249

03 WD反推的提示词没有艺术表现方面的描述，因此需要用Kimi辅助创作这方面的提示词。我们给Kimi的指令（即提示词）如下：

请用一段话，帮我创作一个AI绘画的提示词，主要风格为中国风刺绣，装饰，线的艺术，主要元素为户外、天空、云、树、无人、山、建筑、中国建筑、亭子、宝塔。

Kimi 生成的内容如图 9-36 所示。

图 9-36 Kimi 生成的提示词

Kimi 生成的提示词为：绘制一幅宁静的中国风刺绣艺术画，展现一幅无人的户外景致，以古典中国建筑为背景，包括一座精致的亭子和一座庄严的宝塔，周围环绕着连绵的山峦和繁茂的树木，天空中飘着几朵祥云，整个场景透露出一种静谧而深邃的美。

04 同理，对于第二幅参考图像，给Kimi的提示词如下：

请用一段话，帮我创作一个AI绘画的提示词，主要风格为中国风刺绣，用艺术化表现，主要元素为无人、粉红色的莲花、荷叶。

Kimi 生成的提示词为：绘制一幅充满中国风刺绣艺术感的画面，主体是一片宁静的荷塘，无人打扰，粉红色的莲花在水面上优雅绽放，周围环绕着翠绿的荷叶，整个场景在柔和的光影中展现出细腻的质感和丰富的层次，如同一幅精美的刺绣作品，传递出东方美学的宁静与雅致。

05 对于第三幅参考图，给Kimi的提示词如下：

请用一段话，帮我创作一个AI绘画的提示词，主要风格为中国风刺绣，用艺术化表现，主要元素为无人、波浪、金鱼。

Kimi 生成的提示词为：描绘一幅融合中国风刺绣艺术的宁静画境，以精致的绣工捕捉一池

第9章 综合练习

春水的生动场景，其中无人搅扰，水面泛起层层细腻的波浪，几条色彩斑斓的金鱼在波光粼粼中自在游弋，整个画面运用了丰富的色彩和细腻的线条，展现出一幅充满传统韵味且生动活泼的刺绣艺术作品。

3 ComfyUI 创作图像

根据设计的提示词创作出初步的图像。为了更好地表现中国风效果，我们使用 Kolors 模型完成图像创作。既可以使用 ComfyUI 完成，也可以通过网站 kling.kuaishou.com 来完成。

01 导入"EasyLoader（kolors）"节点，设置好模型路径，输入提示词，把分辨率改成 1024×1408像素，如图9-37所示。

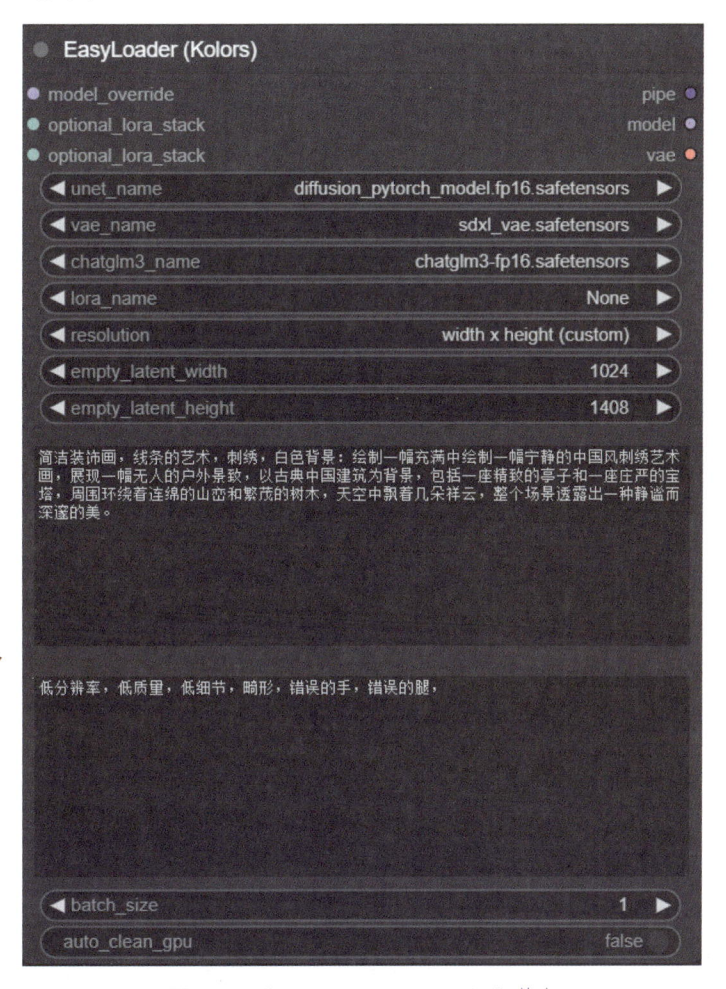

图 9-37 "EasyLoader（kolors）"节点

251

为了更加突出刺绣风格，在提示词前面增加了风格词汇：简洁装饰画，线条的艺术，刺绣，白色背景。

02 再导入"简易K采样器（完整版）"节点，"步数"设置为25，"CFG"设置为3，"采样器"设置为ipndm_v，"调度器"设置为exponential。

03 创建"保存图像"节点，并把节点连接起来。Kolors的工作流如图9-38所示。

生成的三幅图像如图9-39所示。

图9-38 Kolors的工作流

图9-39 生成的三幅图像

第 9 章 综合练习

4 AI 图像精修、放大、增加细节

在生成图像后，需要对图像进行进一步的编辑和优化，使用 AI 工具进行图像的放大、细节增强或风格转换。

目前的画幅为 1024×1048 像素，清晰度不足，需要进一步提升，或者用图生图技术完成图像的修改。Flux 模型具有更好的画质，可以用其图生图的工作流来放大图形，让线条更流畅。

01 首先建立 Flux 文生图的工作流，使用的模型是 Flux 合并模型 NF4，这个模型可以用默认的工作流。

02 导入第 7 章 FluxNF4 文生图的工作流，在"CLIP 文本编码器"节点中输入翻译后的英文提示词：Elegant decorative painting, the art of lines, embroidery, white background: create a tranquil Chinese-style embroidered art painting, depicting a deserted outdoor scene with classical Chinese architecture as the backdrop, including an exquisite pavilion and a majestic pagoda, surrounded by rolling mountains and lush trees, with a few auspicious clouds floating in the sky, the entire scene exudes a serene and profound beauty.

03 在"K 采样器"节点中把"步数"更改为 20，把"CFG"更改为 1。

04 CFG 改为 1 后，反向提示词不起作用。为了让视图简洁，选择反向的"CLIP 文本编码器"节点，右击，在弹出快捷菜单中选择"折叠"，视图显示结果如图 9-40 所示。

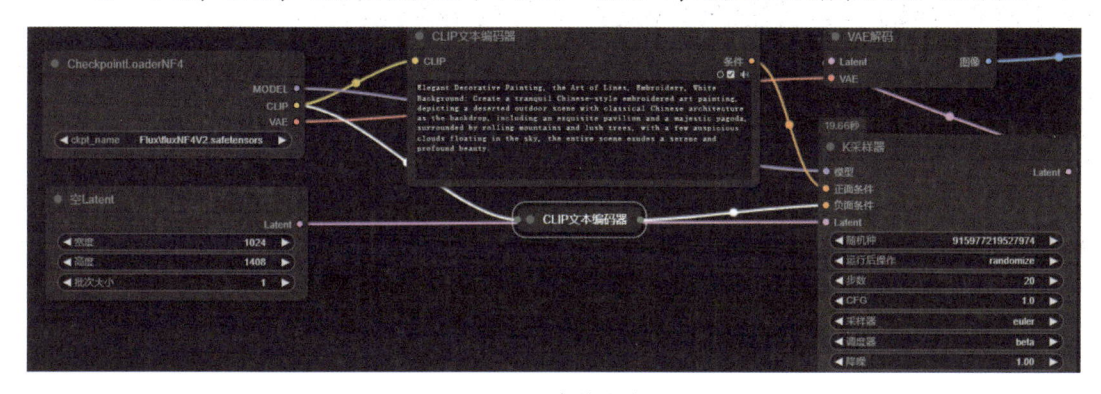

图 9-40 参数修改

05 增加图生图的图像节点部分的工作流，删除"空 Latent"节点，增加"VAE 编码""图像按系数缩放""加载图像"节点，导入刚才生成的建筑风景图像，把缩放系数更改为 2，连接节点，如图 9-41 所示。

253

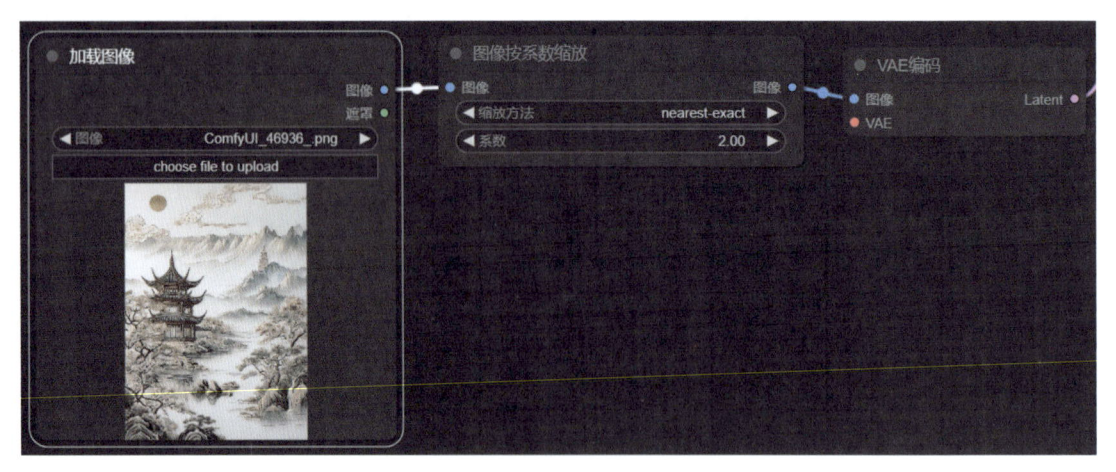

图 9-41 图生图工作流

06 把"K采样器"中的降噪参数更改为0.6。最终的工作流和生成的图像如图9-42所示，图像的分辨率变为2048×2816像素，线条更加流畅。

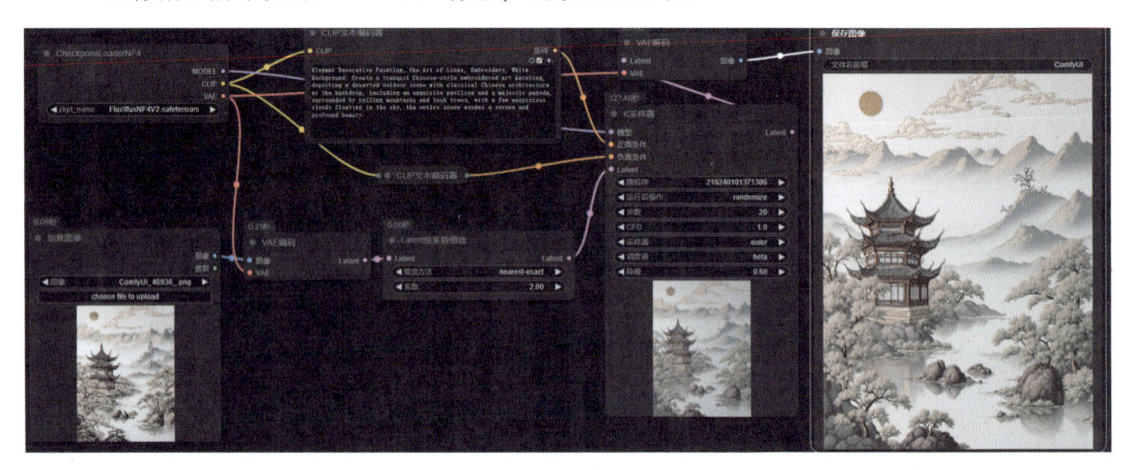

图 9-42 最终的工作流和生成的图像

5 AI 视频

我们使用AI工具将这些静态图像转换为动态视频。在这个案例中，我们使用可灵AI工具生成视频内容。

01 首先进入可灵网站kling.Kuaishou.com，选择"AI视频"，进入AI视频创作面板，然后选择"图生视频"，在"图生视频"面板中上传图像，如图9-43所示。

02 单击"立即生成"按钮，生成动态视频，如图9-44所示。其他的视频也可以用同样的方法完成。

第 9 章 综合练习

图 9-43 可灵的"图生视频"面板

图 9-44 用可灵 AI 生成视频

255

6 Suno 音乐

如果需要给视频配乐，推荐使用 SunoAI 音乐。Suno 音乐是一个 AI 音乐创作平台，通过人工智能技术帮助用户创作音乐。用户只需输入简单的文本提示词，Suno 即可根据这些提示词生成带有人声的歌曲。这个平台由来自 Meta、TikTok、Kensho 等知名科技公司的团队成员开发，目标是让所有人都可以创造美妙的音乐，而不需要任何乐器。

Suno 音乐平台提供了丰富的音乐风格选项，包括流行、古典、爵士、电子、摇滚、乡村、民谣、嘻哈、布鲁斯和拉丁等，以及不同的情感表达，如欢快、悲伤、浪漫等。此外，它还支持多种乐器声音的选择，如钢琴、吉他、小提琴等，以及不同的歌曲节奏。

Suno 的网址为 https://suno.cn，该工具支持中文提示词。

01 注册并登录 Suno 后，选择"Create"进入音乐制作界面，如图 9-45 所示。输入提示词"请帮我创建一段背景音乐，使用中国风，表现江南刺绣的内容，主要乐器用笛子。"，打开"Instrumental"（乐器）开关，说明我们需要的是纯音乐，不需要歌词。

图 9-45 Suno 音乐创作面板

02 单击"Create"按钮，Suno 将生成两段背景音乐。这两段音乐可以扩展和下载，如图 9-46 所示。

图 9-46 Suno 生成的音乐

如果有专业的音乐基础，可以选择"Custom"选项，用"Upload Audio"上传参考音乐，用"Style of Music"指定音乐风格，用"Title"输入歌词，以自定义创作歌曲和音乐。

03 有了视频和音乐，就可以使用剪辑工具制作数字短片。

当前，AI 技术已经渗透到创意项目的各个关键环节，形成了一个全面的工作流程。从最初的策划和创意构思开始，AI 能够分析数据和趋势，提出新颖的想法；到利用先进的图像生成工具根据文本描述快速制作出概念图和视觉设计；再到通过智能视频编辑软件自动化剪辑和生成视频内容；最后，AI 还能够创作出符合项目主题的音乐和歌曲。这一系列的能力不仅极大提升了创意产出的效率，同时也为艺术创作开辟了新的可能性。相信在不久的将来，AI 将承担更多的艺术创作工作。

AI 最大的不足是无法感受人类丰富的情感，至今笔者没有见过一个触动人心的 AI 作品。因此在整个 AI 创作流程中，人类的创意指导和情感投入仍然是最核心的环节，以确保作品的深度和人文关怀。

9.3 思考与练习

1. 思考题：AI 创意设计中，有哪些工具能完成各个环节？
2. 上机内容：完全用 AI 制作一个主题为"探索月球"的短视频。

后 记

这本书终于完稿了，这一年耗费了我太多的心血。

AI 的发展真是日新月异。本来想写一本关于 SDXL 的商业设计案例书籍，但 AI 在应用领域一直存在巨大的局限。尽管 AI 生成的画面看起来很惊艳，但在细节上却经不起推敲。按照商业标准，使用 AI 工具直接生成设计成品还是不够成熟。

2023 年下半年，ComfyUI 逐渐在业内流行。一开始，我只是尝试使用一些工作流来探索较新的模型。然而，随着时间的推移，WebUI 的升级进展缓慢，大部分的新模型无法支持 WebUI，如果要与 AI 绘画时代同步，学习 ComfyUI 已成为必然。

我和大部分的 AI 爱好者一样，不会编程，不懂系统环境的设置，对计算机硬件的了解也不多。然而，这些并未挡住我对使用 ComfyUI 的激情。这一年里，我每天花在 AI 上的时间超过 10 小时，一直在学习、测试和创作。总体来说，这本书在应用 ComfyUI 的节点上是初级的，为了让读者更容易理解节点，整本书没有一个非常复杂的工作流。本书的亮点在于介绍了几乎所有流行的工具和模型，并突出介绍了三个比较好的模型：SDXL、Kolors 和 Flux。对于艺术从业者来说，ComfyUI 确实是一块难啃的骨头，我尽力把工作流简单化，希望让计算机"小白"也能看明白。

本书原本是围绕 SDXL 模型编写的，但在快要成稿时（2023 年 7 月），开源了 Kolors，8 月又发布了 Flux。Kolors 是可以直接使用中文提示词的模型，它生成的中国元素非常出色；Flux 是目前最优秀的开源模型，无论是对提示词的理解还是生成的品质，都让人非常满意。在这两个月里，我不断测试和写作，最终将这两个模型的内容纳入了本书。

后 记

进入 2024 年，AIGC 发展进入新阶段，国产 AI 越来越好用。如果你是 AI 绘画的业余爱好者，那么豆包、可灵等工具可以生成非常好的图像，足够满足你的需求。然而，如果你是 AI 绘画的专业人员，那么必然要学习 ComfyUI。请耐心阅读本书，这本书的内容完全由我原创，并且我将在 Bilibili 网站上分享最新的模型测试和技巧，与大家一起学习和进步。

ComfyUI 和各种模型更新非常快，它的工作流也在不断进化。有时，一个工作流昨天还可以用，但今天用时却可能出现错误。如果遇到这种情况，请及时到发布页去查看最新的说明。我在写作时测试的工作流当时是可行的，但随着版本的升级，若出现运行错误，请读者及时更新工作流。

最后，感谢清华大学出版社的赵军老师，他认真的态度和严格的要求提升了本书的品质。也感谢购买本书的读者们，祝你们学习和工作顺利！

许建锋

2024 年 8 月